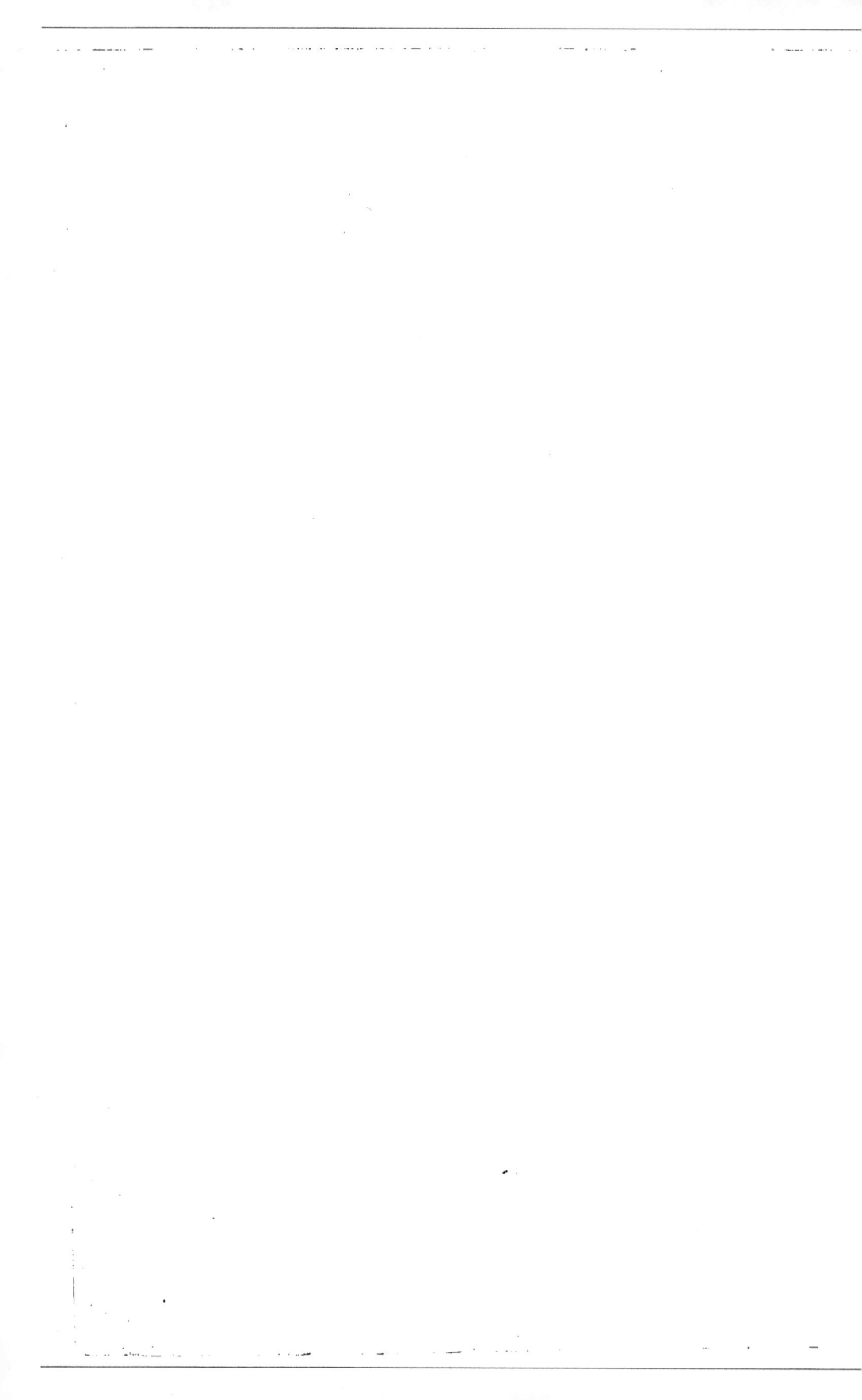

RAPPORT

SUR LE

Domaine Impérial
de Tchoucour=Ova

(Vilayet d'Adana, Turquie d'Asie)

PAR

Georges TSAPALOS   et   **Pierre WALTHER**

INGÉNIEUR AGRONOME

ANCIEN ÉLÈVE DE L'ÉCOLE D'AGRICULTURE

DE MONTPELLIER

ATTACHÉ A L'INSTITUT PASTEUR D'ALGER

DIRECTEUR DU DÉPARTEMENT COTON

DE LA MAISON LATHAM ET Cⁱᵉ

ADMINISTRATEUR

DE LA SOCIÉTÉ ANONYME "LE COTON"

PARIS

—

1911-1912

PREMIÈRE PARTIE

LE DOMAINE DE TCHOUCOUR-OVA
ET LA PLAINE D'ADANA

4'S

LE DJEÏHAN A MISSIS (à l'entrée de la plaine de Tchoucour-Ova).
(La vue est prise en amont).

I. LE MILIEU PHYSIQUE

Situation géographique ; relief du sol.

Le domaine de Tchoucour-Ova est constitué pour la plus grande partie par une vaste plaine faisant suite vers le nord à la plaine d'Adana, bordée du côté ouest-nord-ouest et nord par une série de collines en partie rocheuses qui forment les derniers gradins des massifs montagneux de l'Antitaurus et des montagnes de Sis et de Kars.

La superficie totale de ce domaine, d'après les cartes dressées par les soins du ministère des Finances à Constantinople, peut être évaluée à 80.000 hectares (en mesure turque 880.000 deunoums carrés), superficie qui pourrait être représentée par un rectangle de 20 kilomètres de longueur sur 4 kilomètres de largeur.

Cette vaste plaine n'offre aucune élévation de terrain remarquable, à part quelques petites collines s'élevant par-ci par-là à une très faible hauteur et dont le sol, présentant la même constitution que celui de la plaine, est également propre à la culture.

Vers le nord, le nord-ouest et à l'ouest le sol devient de plus en plus accidenté avec plusieurs séries de collines en partie rocheuses. Dans la partie est du domaine se trouve une colline rocheuse qui s'élève à pic au-dessus de la plaine à une hauteur de 170 mètres à peu près et sur une longueur de près de 2 kilomètres : c'est la colline d'Anavarza, sur laquelle se dressent les ruines d'une acropole romaine et les tours massives du château des anciens rois d'Arménie.

La plus grande partie du domaine est donc en plaine.

LA PLAINE DE TCHOUCOUR-OVA (partie nord-est).

Hydrographie.

Cette plaine est traversée par plusieurs cours d'eau qui suivent généralement la direction du nord-ouest vers le sud-est. Ce sont le Sauran-Tchaï, le Dehli-Tchaï, le Tchepeljé, le Tilane et le Sahri-Sou, enfin le fleuve Djeïhan qui borde le domaine vers l'est sur une longueur de 16 à 18 kilomètres environ.

Le Dehli-Tchaï traverse le domaine dans sa plus grande largeur. Il coule du nord-ouest vers le sud-est, son cours est torrentueux et, pendant les grandes crues, il déborde et inonde près de 10.000 hectares de terrain pendant près de deux mois. Sa largeur est de 10 à 12 mètres ; il est presque à sec à l'étiage.

Le Sauran-Tchaï (ou Sauran-Déré) coule dans la partie nord-est du domaine ; il a de l'eau pendant l'été.

Le Tilane est alimenté par des sources près du village de Hamam-Kioï et n'est pas à sec pendant l'été, mais son débit est très faible.

Tous ces cours d'eau viennent se jeter dans le Djeïhan qui est le plus important.

LA PLAINE DE TCHOUCOUR-OVA (partie sud-ouest).

Le Djeïhan (ou Pyramus) passe près d'Osmanieh et de Merdjimek, traverse ensuite Hamidieh (ou Djeïhan), Missis, et se jette dans le golfe de Youmourtalik, après avoir passé près de Bébéli (ou Adali).

Son débit, dans les crues ordinaires, est de 95 m³ à la seconde, mais s'élève dans les crues extraordinaires jusqu'à 600 et même 1.200 m³ et alors il inonde une grande partie de la plaine. Sa largeur varie le long de son cours de 60 à 120 mètres. Sa hauteur moyenne s'élève à l'étiage à 1 m. 50 et sa vitesse est modérée.

Ce fleuve nous paraît navigable, même pendant l'étiage, pour des cha-

LE PONT BYZANTIN A ADANA.

lands et des remorqueurs à faible tirant d'eau, sur tout son trajet le long du domaine, et même au delà, jusqu'à Missis. Aucun barrage naturel ou artificiel n'existe sur ce trajet qui puisse empêcher la navigation. En aval de Missis il y a un barrage naturel de rochers (1).

---

(1) La longueur du trajet du fleuve depuis les limites du domaine jusqu'à Missis est de 36 kilomètres en ligne droite. Missis se trouve sur la moitié du trajet de la ligne ferrée d'Adana à la ville de Hamidieh (ou Djeïhan) qui est à 9 kilomètres de Merdjimek où sont actuellement les bâtiments de la ferme impériale de Tchoucour-Ova.

Climatologie.

Le climat de la plaine de Tchoucour-Ova, comme celui de la plaine d'Adana, est doux grâce à la chaîne imposante des monts Taurus et Antitaurus qui forme un abri sérieux et efficace contre les vents froids du nord et du nord-est. En effet, tandis que, dans les plaines situées au bas des versants nord du Taurus et de l'Antitaurus, les gelées et les chutes de neige sont fréquentes, dans les plaines d'Adana et de Tchoucour-Ova, au contraire, les gelées d'hiver sont plutôt rares.

La température moyenne pendant l'hiver est de 14° centigrades ; elle

UNE RUE A ADANA.

monte à 21° au printemps et 29° pendant l'été pour descendre à 20° pendant l'automne. La température moyenne de l'année est de 21°. Il fait quelques gelées pendant l'hiver seulement, au mois de janvier : le thermomètre marque alors — 5° et rarement — 7° ; mais ces abaissements de la température sont exceptionnels et ne durent pas longtemps : ils ne peuvent pas nuire aux céréales qui sont déjà suffisamment développées, et auxquelles, au contraire, la fraîcheur est favorable.

Ce climat est comparable à celui de l'Égypte : la moyenne annuelle observée dans la plaine d'Adana approche celle du Caire (21° 3) et est un peu inférieure à celle d'Assouan (26° 7) et de Wadi-Halfa (26° 3) qui sont des points très chauds de l'Égypte.

Régime et répartition des pluies.

La plaine d'Adana présente sur l'Égypte l'avantage énorme d'être favorisée par un chute de pluies beaucoup plus abondantes.

En effet, tandis qu'au Caire on ne compte que 32 m/m. de pluie annuel-

PUITS D'EAU DOUCE A KARATACHE.

lement et à Alexandrie, qui est l'endroit le plus pluvieux de l'Égypte, 210 m/m., il tombe à Adana 625 m/m. par année, à Tarsous 554 m/m., et à Mersine 589 m/m. A mesure qu'on se rapproche des versants des monts Taurus et Antitaurus la quantité d'eau augmente. Dans la plaine de Tchoucour-Ova on peut compter sur une moyenne annuelle supérieure à 625 m/m. (1).

_____

(1) Ces chiffres représentent la moyenne de treize années et peuvent donc être pris en considération.

La quantité annuelle de pluies se répartit ainsi selon les saisons :

Hiver..........	41 p. 100	soit	256 m/m.
Printemps......	36,9 --	—	196 --
Été............	6 —	---	38 --
Automne.......	17 —	—	106 ---

Les pluies sont donc fréquentes pendant l'hiver et le printemps, deviennent rares en été et peu fréquentes à l'automne. Nous verrons plus

LE PORT DE KARATACHE.

loin les avantages que tirent de cette répartition des pluies les différentes cultures auxquelles le climat de Tchoucour-Ova est favorable.

Nature du sol.

Le sol de la plaine de Tchoucour-Ova est formé d'alluvions ayant plusieurs mètres d'épaisseur. Au point de vue de sa consistance il est compact par suite de la présence d'une grande quantité d'argile plastique dont la propriété est de se prendre en pâte quand elle est mouillée.

Cette terre se laisse difficilement pénétrer par l'eau des pluies quand elle n'est pas ameublie, mais quand elle est suffisamment labourée elle est capable d'absorber une grande quantité d'eau, absolument à la façon d'une éponge. Ces terres perdent difficilement l'eau qui s'y est emmagasinée, la partie superficielle se dessèche et par suite du retrait de l'argile elle se crevasse, mais à une certaine profondeur, à partir de 30 ou 40 centimètres de la surface, elle est humide. Les mauvais effets de la sécheresse sont par là atténués car sous la couche superficielle complètement sèche se trouve une réserve importante d'eau. Au premier abord on est étonné de

COLLINES DE MISSIS. — UN CAMPEMENT D'INGÉNIEURS DU CHEMIN DE FER SUR LES BORDS DU DJEÏHAN.

voir des cotonniers vigoureux dans une terre complètement desséchée, mais si l'on examine la terre plus profondément, on voit que les racines ne manquent pas d'humidité. Nous avons fait cet examen en plusieurs endroits du domaine.

Le cultivateur pourra facilement tirer profit de ces propriétés du sol : par des labours profonds il lui suffira d'ameublir le sol de façon à le rendre apte à absorber le plus d'eau possible et provoquer ainsi la formation d'un stock d'eau dans les couches profondes du sol : stock d'autant plus considérable que les labours auront été plus profonds et faits de bonne heure, avant les grosses pluies de l'automne et de l'hiver. Cette quantité d'eau accumulée loin de la surface du sol sera à l'abri d'une évaporation très active à la surface, les racines des plantes par suite de l'ameublissement du sol chemineront facilement et pourront atteindre cette couche humide pour y puiser l'eau nécessaire au développement de la plante.

Les terres de Tchoucour-Ova ont un aspect particulier ; ce sont des terres noires absolument comparables aux terres noires de la Russie méridionale et des Indes, pays producteurs de céréales. La couleur noire est due à la quantité considérable d'humus formé à la suite de la décomposition des végétaux. Ces terres sont extrêmement fertiles quand elles ne sont pas acides ; l'acidité de la terre provient de ce que le calcaire contenu dans la terre n'est pas en quantité suffisante pour neutraliser la totalité de l'acide humique provenant de l'humus. Cet acide humique en excès est nuisible aux plantes et on ne peut entreprendre aucune culture avant de l'avoir éliminé par des apports de chaux (chaulages).

Dans une terre acide le phénomène de la nitrification (c'est-à-dire la transformation de l'azote organique en azote ammoniacal puis en azote nitrique assimilable par les plantes) n'a lieu que dans un milieu alcalin, pas trop alcalin cependant. Le sol du domaine de Tchoucour-Ova est heureusement suffisamment calcaire pour neutraliser tout l'acide humique qui pourrait s'y trouver. Sa richesse en éléments fertilisants tels que l'azote, la potasse, l'acide phosphorique est considérable (1).

Toutes les cultures peuvent réussir dans cette région si privilégiée par son climat et par la nature du sol : les céréales, le sésame, le cotonnier, le pavot, le chanvre, le lin, toutes les légumineuses, la canne à sucre même (2).

Les céréales réclament une température douce pendant les quelques jours qui suivent la germination ; en automne s'il arrive des gelées, la récolte peut être compromise ; une fois la plante développée, une température fraîche lui est favorable, et si quelques gelées peuvent survenir pendant l'hiver leurs effets ne sont pas très nuisibles. Ce qu'il faut craindre pour les céréales ce sont les sécheresses du printemps (3). Or nous avons vu que dans le domaine de Tchoucour-Ova les pluies du printemps sont fréquentes. Pendant l'été, les pluies sont rares, ce qui est un avantage car les travaux de la moisson et du battage ne se trouvent pas entravés.

La culture du sésame est une culture printanière : le climat de Tchoucour-Ova lui est donc tout à fait favorable. En effet, si l'on s'y prend de bonne heure (c'est-à-dire dans le courant de mars et au commencement d'avril), pour effectuer les semis, la germination des graines est certaine

---

(1) Voir l'analyse chimique à l'annexe A.

(2) Les plantes qui sont actuellement cultivées dans la région sont les céréales (blé, avoine, orge), un peu de maïs et de sorgho, le sésame et le cotonnier.

(3) L'orge est semé en octobre et novembre et se récolte à partir de la deuxième quinzaine d'avril. Le blé est semé à la même époque et se récolte en juin ou juillet selon que le semis a été plus ou moins tardif.

et le développement des jeunes plantes se fera rapidement. Pendant l'été les quelques pluies qui tombent sont suffisantes pour assurer un bon rendement.

Le cotonnier n'est pas moins favorisé ; le printemps pluvieux et doux avec absence complète de gelées favorise la germination des graines et le développement rapide des jeunes plantes. L'été chaud et sec, permet la maturation régulière des capsules jusqu'à l'époque de la cueillette. L'automne relativement sec et doux avec absence de brume permet d'effectuer la cueillette sous les meilleures conditions et de la prolonger pendant longtemps.

Une objection se présente à l'esprit : la longue sécheresse de l'été, quoique favorable en maintenant élevée la température ambiante, qu'une chute fréquente de pluie pourrait abaisser, n'aura-t-elle pas pour effet de diminuer le rendement si l'on a pas recours à des irrigations ? Cette objection serait fondée pour les terrains sableux, légers et peu profonds, qui sèchent rapidement ; mais pour le sol de Tchoucour-Ova, le danger n'est pas le même : la constitution physique du sol permet de lutter avantageusement contre la sécheresse et d'obtenir des rendements assez élevés sans avoir recours aux irrigations, contrairement à ce qui s'est produit en Égypte.

II. LE MILIEU ÉCONOMIQUE

Un milieu physique favorable ne suffit pas à une bonne exploitation agricole : le milieu économique doit, lui aussi présenter des conditions satisfaisantes.

Quelles ressources la plaine de Tchoucour-Ova offre-t-elle quant au recrutement et à la valeur technique de la main-d'œuvre, quant au taux des salaires, quant aux moyens de transport, quant aux débouchés, quant aux facilités d'existence, etc. ?

La main-d'œuvre.

La main-d'œuvre est fournie par une population fixe établie depuis quelques années sur le domaine, et par une population mobile qui descend des régions montagneuses de Kars, de Sis et de Diarbékir à certaines époques de l'année, notamment à l'époque de la moisson.

a) *Population fixe*. — Il y a actuellement sur le domaine environ 34 villages et 30 fermes avec une population de 5.000 habitants environ. Ce

2

sont des Turcs (Tcherkesses, Turcomans, Kurdes, Tartares, Bosniaques) fixés à différentes époques sur le domaine par les soins du Gouvernement ottoman en vue d'en assurer la culture. On les désigne généralement sous le nom de *mohadjirs*, qui signifie « colons ». Ils possèdent quelques parcelles de terrains autour de chaque village ; ceux qui possèdent du bétail de travail, un petit capital pour entreprendre la culture d'autres champs, louent au Gouvernement des terres à raison de 2 à 3 piastres par deunum carré ce qui revient de 0 fr. 45 à 0 fr. 65 par deunum ou 5 à 7 fr. 15 par

FERME ARMÉNIENNE (plaine d'Adana).

hectare. La surface totale des terres louées aux mohadjirs était, à l'époque de notre visite, d'environ 13.650 hectares, d'après les renseignements qui nous ont été fournis par le directeur de la Ferme impériale.

Toute cette population est laborieuse et susceptible de fournir une excellente main-d'œuvre. Si l'essai de colonisation a échoué, c'est parce que le Gouvernement s'est contenté de céder au colons un petit lot de terre sans leur fournir les avances en argent nécessaires pour se procurer les instruments agricoles plus perfectionnés, les semences, etc.

Le Gouvernement ottoman a négligé également de se préoccuper de la santé des colons. Le paludisme a fait des ravages ; alors qu'il eût fallu lutter contre ses pernicieux effets, nous avons pu constater, pendant notre tournée à travers le domaine, que l'usage de la quinine y était partout ignoré. Dans tout essai nouveau de colonisation il faudra tenir compte des erreurs qui ont été ainsi commises sous peine d'échouer à nouveau. Et nous verrons plus loin que les précautions nécessaires sont faciles à prendre.

Outre cette population fixée sur le domaine même on peut compter sur une autre population fixée dans des centres voisins. Les plus importants de ces centres, après Adana (80.000 habitants), sont la ville de Djeïhan située

A MERDJIMEK. — MAISON TCHERKESSE.

à 9 kilomètres de Merdjimek, avec 8 à 9.000 habitants; la ville d'Osmanieh à 40 kilomètres de Merdjimek; enfin Sis et Kars à 30 kilomètres de Merdjimek avec 2.000 habitants chacune.

La population ouvrière de Tchoucour-Ova peut être évaluée à 2.000 hommes et femmes; on ne pourra pas utiliser ce nombre; mais on peut compter dès à présent sur au moins 400 ou 450 ouvriers à l'époque de la cueillette du coton (août, septembre et une partie du mois d'octobre). Les villes nommées plus haut pourront fournir de 1.000 à 1.150 ouvriers ce qui fait un total, en chiffres ronds, d'environ 1.500 ouvriers disponibles à l'époque de la cueillette du coton.

b) *Population ouvrière mobile.* — A cette population fixe vient s'ajouter une population mobile extrêmement importante. On peut évaluer en effet à plus de 100.000 le nombre des ouvriers qui descendent des montagnes dans la plaine d'Adana à l'époque de la moisson. Aussitôt la moisson finie, vers le mois d'août, cette population regagne ses montagnes pour fuir la chaleur, de sorte qu'on ne peut pas compter sur elle pour effectuer la cueillette du coton qui se fait en automne. Mais cet élément migrateur sera très précieux pour la moisson des céréales et permettra d'étendre la culture du sésame dont la cueillette se fait en juillet-août.

TRANSPORT DU COTON A LA FERME KESSISSOGLOU.

La cueillette du coton est généralement effectuée dans la plaine d'Adana par des fellahs égyptiens qui supportent bien la chaleur. Nous plaçons cette population dans la population mobile parce qu'elle n'est pas originaire du pays et vit le plus généralement campée sous la tente : pourtant cette population de fellahs égyptiens, amenée en Asie-Mineure par Ibrahim pacha, s'y est fixée. Nous aurons même à examiner s'il ne convient pas d'attirer sur le domaine de nouveaux fellahs, à qui la présence de leurs compatriotes rendra l'établissement plus facile, et qui constituent une main-d'œuvre excellente pour la cueillette du coton.

Salaires.

Les salaires varient considérablement dans le courant de l'année. En mars on paie de 10 à 15 piastres (1) par ouvrier pour une période de cinq jours et demi, ce qui revient de 0 fr. 40 à 0 fr. 60 par jour. Il faut payer de 40 à 80 piastres, c'est-à-dire de 8 fr. 80 à 17 fr. 60 depuis avril jusqu'à fin juillet, pour le même nombre de jours, ce qui revient de 1 fr. 60 jusqu'à 3 fr. 20 par ouvrier et par journée de travail. La nourriture des ouvriers pendant la durée du travail est à la charge du propriétaire ; il faut la

BALLES DE COTON EN GARE DE MERSINE.

compter à raison de 2 piastres par jour et par homme et majorer d'autant les prix cités plus haut.

Le taux de la main-d'œuvre augmente à l'époque de la moisson. Il faut en outre prévoir une hausse dans un avenir prochain à cause de l'extension que prendra la culture dans le vilayet d'Adana après l'achèvement de la ligne ferrée de Bagdad qui desservira de grandes étendues de terres jusqu'à présent inexploitées.

(1) La livre turque vaut 120 piastres dans le vilayet d'Adana, par conséquent une piastre revient à 0,181 ; dans nos calculs nous comptons la piastre à 0,22 parce que les salaires ont une tendance à augmenter.

Les prix que nous avons donnés plus haut représentent des salaires payés à la culture des céréales, du sésame et au sarclage et binage des cotonniers, mais pour la cueillette du coton les prix sont réglés autrement.

En ce qui concerne le coton de semence américaine, on paie 15 paras par oke de coton en graines cueillie (1 oke = kg. 1,282) ; ainsi la récolte de 900 kilos de coton en graines (quantité représentant le rendement maximum actuel par hectare), reviendrait à 247 piastres, c'est-à-dire 54 fr. 35, soit 55 francs en chiffres ronds par hectare.

Pour le coton indigène on paie en nature : l'ouvrier prélève pour son salaire le dixième de la quantité cueillie dans la journée, ce qui reviendrait à environ 46 fr. 40 par hectare de coton indigène. En tenant compte des frais supplémentaires pour le triage, l'ensachage et le transport à l'égrenage, on atteint le chiffre de 0,07 par kilo de coton en graines.

En Algérie la cueillette revient à 0,10 par kilo de coton en graines. En Égypte quand la cueillette est réglée à forfait on paie de 0,25 à 0,35, soit en moyenne 0,30 le kandar de coton en graines cueilli (45 kilos de coton en graines). Si l'on paie les ouvriers à la journée, le salaire est de 0,40 à 0,80 pour les hommes et de 0,40 à 0,50 pour les enfants et fillettes, ce qui revient à 0,04 par kilo de coton en graines. Aux Etats-Unis on paie 2 fr. 50 à 3 francs pour 100 livres de coton en graines ramassé, soit 0 fr. 06 par kilo de coton ramassé sans compter les frais supplémentaires de triage et de transport à l'égrenage.

La plaine d'Adana est donc plus favorisée pour les prix de cueillette que ne le sont l'Algérie et les États-Unis, mais moins que l'Égypte . Or il faut noter que la culture du coton peut supporter des frais beaucoup plus importants que les autres cultures, car elle donne à l'hectare un produit brut d'une valeur supérieure au produit brut des autres cultures.

Moyens de transport.

La facilité des transports due à l'existence de routes carrossables, d'une ligne ferrée, d'un cours d'eau navigable, influencent non seulement le prix de revient des produits mais encore le système de culture adopté. On ne peut pas concevoir, par exemple, l'élevage du bétail en vue de la production du lait quand le transport de ce produit jusqu'au lieu de la vente nécessite plusieurs jours.

La plaine de Tchoucour-Ova est à cet égard assez favorisée. Nous avons vu que le fleuve Djeïhan forme la limite méridionale du domaine sur une longueur de 16 à 18 kilomètres et que trois affluents du Djeïhan le traversent. La voie ferrée, de Mersine à Adana, se continue d'Adana à Djeïhan en passant par Missis ; la ligne est terminée et a été tout récemment inaugurée : nous l'avons utilisée, nous-même, pour nous rendre par un train de ballast d'Adana à Djeïhan, soit un parcours de 40 kilomètres. En y ajoutant les 56 kilomètres de Mersine à Adana, on voit que Djeïhan se trouve à une centaine de kilomètres de chemin de fer du port d'embarquement de Mersine.

Les routes sont moins parfaites : actuellement le domaine n'est desservi par aucune route carrossable (nous entendons par là une route empierrée avec fossé protecteur de chaque côté de façon à permettre le transport par charrette en toutes saisons). Une route allant de Missis à Sis, est concédée à la Société française des routes : son tracé projeté traversera le domaine du sud au nord. Une ou deux autres routes carrossables devront être faites

LE DJEÏHAN A MERDJIMEK.

pour permettre non seulement le transport des produits, mais celui du combustible nécessaire aux machines agricoles et le déplacement des machines elles-mêmes à toute époque de l'année. Les dépenses occasionnées par ces routes ne seront pas très élevées, aucun travail d'art important n'étant à prévoir, sauf un pont en pierre sur le Déli-Tchaï, et quelques petits ponts sur des cours d'eau plus petits.

Les débouchés.

Le débouché principal dans la région qui nous occupe est le marché d'Adana, le plus important de l'Asie Mineure après celui de Smyrne. Le prix de vente moyen des produits est le suivant :

Blé.	220 fr.	la tonne.
Orge	143 fr.	—
Sésame	96 80	—
Coton égrené	1 20	le kilo.
Graines de coton (1)	0 13	—

Il faut rappeler, en outre, que le port d'embarquement de Mersine se trouve, comme nous l'avons dit, à une centaine de kilomètres de chemin de fer, et que le port de Youmourtalik, une des plus belles situations maritimes de tout l'Empire, est à moins de 30 kilomètres à vol d'oiseau de Djeïhan. Une ligne ferrée réunira certainement un jour ou l'autre ces deux points (projet Chester).

Enfin, la ville de Djeïhan (6.000 habitants), à quelques kilomètres du domaine, offrira un débouché immédiat à une partie des produits.

Le cheptel.

Les animaux domestiques que l'on trouve dans la région sont principalement : le chameau, le buffle, le cheval, le mouton, l'âne et le bœuf.

Le prix d'une paire de bœufs est de 400 à 550 francs, soit en moyenne 475 francs ; celui d'une paire de buffles, de 700 francs en moyenne (2).

Les chevaux sont de petite taille, mais assez résistants. Le prix d'un cheval de trait varie de 200 à 300 francs, soit en moyenne 250 francs ; un cheval de selle vaut de 250 à 600 francs (3).

Le mulet, qui convient mieux que le cheval à certains travaux (par exemple à la moisson), ne se trouve pas facilement dans le pays : on pourra s'en procurer dans l'île de Chypre, située en face du golfe de Youmourtalik, et où existe une bonne race mulacière ; le prix d'un mulet de Chypre peut être estimé à 500 francs environ (4).

Le bétail vit dans de bonnes conditions de santé à Tchoucour-Ova. A part la peste bovine qui est épidémique on n'a pas à craindre de maladies sérieuses. Cependant nous devrons compter toujours sur une mortalité de 5 p. 100 pour les bovidés et 6 p. 100 pour les chevaux et les mulets.

---

(1) Ces prix sont naturellement très variables, surtout celui du coton. Nous avons tenu à ne nous appuyer que sur des prix que l'on peut considérer comme très bas.

(2) Ces animaux doivent être amortis en dix ans.

(3) Les chevaux doivent être amortis en huit ans.

(4) Les mulets doivent être amortis en dix ans.

MERDJIMEK. — FAÇADE NORD DU HANGAR ET DES ÉCURIES.

III. LA CULTURE ACTUELLE A TCHOUCOUR-OVA
ET DANS LA PLAINE D'ADANA

Le domaine de Tchoucour-Ova appartient au ministère des Finances ottoman. Une petite partie seulement de ce domaine a été concédée à des colons en vue de la mise en valeur des terres.

Le centre de l'exploitation faite actuellement sur le domaine est le village de Merdjimek, habité par des Turcs et des Tcherkesses et relativement propre et prospère.

A l'extrémité nord du village se trouvent sept bâtiments modernes à deux étages, dont les uns sont habités par le personnel de la ferme et dont les autres sont occupés par une école, par des ateliers de construction, de réparations, etc.

Le bâtiment occupé par la direction est flanqué à gauche d'une écurie qui peut abriter une trentaine de bœufs ou chevaux. Derrière la maison est une grande cour en fer à cheval entourée de hangars et écuries ayant servi aux chevaux et aux soldats sous l'ancien régime et employés aujourd'hui comme remises, écuries et magasins.

L'ensemble des bâtiments écuries et remises est en bon état et peut être évalué à environ Ltq. 8 à 10.000 (1).

Les animaux qui se trouvent actuellement dans la ferme sont les suivants : 28 étalons, 44 juments, 32 poulains, 2 taureaux, 43 vaches, 48 bœufs et 23 buffles, sans compter quelques ânes et la basse-cour.

La matériel comporte : 2 machines à vapeur locomotives et une locomobile ; 1 pompe centrifuge ; 1 charrue de cinq socs ; 1 charrue de sept

---

(1) Tous ces bâtiments seront donnés gratuitement à la Société aux termes du contrat du 15 avril 1912.

socs; 1 herse; 2 rouleaux; 1 semoir. En outre, quelques charrues ordinaires et les outils communs à toute ferme (1).

Depuis le nouveau régime, la ferme de Merdjimek est exploitée par le Gouvernement ottoman. Un directeur très actif assume la surveillance de cette exploitation; mais mal secondé et n'ayant pas à sa disposition de capitaux suffisants, il n'a pu entreprendre la culture que sur une faible portion du domaine. D'après lui, 5.000 hectares seraient cultivés et 4.000 auraient subi une première préparation.

En outre, une quinzaine de mille hectares (2) sont censés être cultivés par des paysans auxquels ils sont cédés moyennant des redevances insignifiantes qui se traduisent par 2 ou 3 piastres par deunum et par an.

Il nous a été impossible d'avoir des chiffres exacts; mais, au ministère des Finances à Constantinople, on nous a dit que le revenu actuel de la ferme était d'environ 200.000 francs.

Bien qu'une quarantaine de villages et de fermes soient signalés dans la plaine de Tchoucour-Ova, il n'existe de culture qu'aux environs immédiats de Merdjimek. Le reste de la plaine est à peu près inculte et l'on n'y voit que peu de bétail.

La culture.

La culture des céréales, particulièrement du blé est de beaucoup la plus importante dans les plaines d'Adana et de Tchoucour-Ova : elle y occupe en effet les deux tiers de la surface cultivée, mais cette culture n'y est pas faite d'une manière satisfaisante; les variétés actuellement cultivées sont médiocres : le blé est une variété de blé dur, on n'y cultive pas de blé tendre; l'orge est une variété jaune, nous n'avons pas vu de variété d'orge blanche.

La culture du sésame est très favorisée dans la plaine de Tchoucour-Ova par le climat et la nature du sol; les alluvions profondes et fertiles de cette région lui conviennent particulièrement bien et les rendements sont très élevés. Les semis de sésame se font depuis mars jusqu'à la fin mai; quelquefois on peut semer dans les champs précédemment occupés par l'orge en profitant de la chute d'une pluie, de sorte que sur la même parcelle de terre on peut effectuer deux récoltes dans la même année. Cependant il faut noter que ces conditions favorables ne se rencontrent pas chaque année et que l'on doit disposer d'un outillage nombreux pour effectuer un labour et les semailles avant que la terre soit desséchée.

Les rendements sont extrêmement variables d'année en année selon que

---

(1) Les animaux et le matériel seront pris par la Société et payés par elle à prix d'expertise. Exception est faite seulement pour les étalons, juments et poulains qui appartiennent au ministère de la Guerre et seront repris par lui.

(2) Ces chiffres nous ont été donnés à la ferme; l'examen des lieux nous fait penser qu'ils ont été forcés et qu'il s'agirait plutôt de deunums.

les conditions météorologiques ont été plus ou moins favorables et selon que les semis ont été effectués plus ou moins tôt. Il faut semer le plus tôt possible pour profiter des pluies de printemps qui permettront aux jeunes plants de se développer rapidement pour pouvoir lutter ensuite contre la sécheresse de l'été.

Le rendement peut être évalué depuis 10 fois jusqu'à 50 fois la semence employée ; quelquefois on obtient des rendements fantastiques de 200 à 250 fois la semence. A la ferme de M. Kessisoglou située sur la route

FERME DE TEÏLAN, PRÈS ANAVARZA.

d'Adana à Karatache nous avons vu des rendements de 1.520 okes à l'hectare représentant 100 fois la semence employée.

Les prix du sésame sur le marché d'Adana atteignent en moyenne 0,53 le kilo.

La culture du cotonnier, pratiquée depuis fort longtemps, a pris, tout dernièrement une grande extension. La Ville d'Adana, qui compte aujourd'hui environ 80.000 habitants doit au cotonnier son développement rapide. Adana est non seulement le centre des transactions commerciales pour le coton et pour tous les produits agricoles du vilayet, mais encore un centre d'égrenage et d'expédition en balles. Plusieurs usines d'égrenage y sont installées, dont la plus importante et la mieux outillée est celle de la *Deutsch levantische Baumwollgesellschaft*. La même société a participé à la création d'une filature qui utilise le coton produit dans le pays. Il existe deux autres filatures appartenant à des particuliers.

La région d'Adana produit actuellement environ 100.000 balles de coton égrené par an, soit, à raison de 250 kilos à la balle, environ 25.000 tonnes.

Deux variétés sont cultivées : une variété dite américaine, d'origine américaine sans doute, mais complètement dégénérée depuis son importation, faute de sélection ; et une variété de coton indigène, appelée *yerli*, cultivée depuis fort longtemps, et très voisine de l'espèce cultivée avec succès au Turkestan.

Le rendement à l'hectare est assez variable et surtout il est difficile d'avoir des chiffres exacts. D'après ceux que nous avons recueillis, il faudrait compter de 100 à 300 kilos de coton égréné par hectare, ce qui représente de 300 à 900 kilos de coton en graine. Le prix du coton égrené variant de 1,10 à 1,60 le kilo, soit en moyenne 1,35 pour les deux variétés, on voit que le rendement brut à l'hectare serait actuellement de 135 à 405 francs, soit, en prenant la moyenne de ces deux chiffres, de 270 francs, sans compter la vente des graines.

Il faut noter que la culture se fait actuellement dans de mauvaises conditions, tant en ce qui concerne le mode de préparation du sol qu'en ce qui concerne la méthode culturale en général. Or, malgré ces conditions défectueuses, l'exploitation du cotonnier laisse un bénéfice appréciable ; aussi la voit-on s'étendre de plus en plus dans tout le vilayet où les terres sont également riches et favorables.

* *

En résumé, les conditions physiques (climat, nature de la terre, hydrographie) de la plaine de Tchoucour-Ova sont extrêmement favorables à la culture des céréales, du sésame et du coton ; le milieu économique (communications, transports, main-d'œuvre, cheptel, débouchés) est satisfaisant et sera certainement amélioré ; enfin la culture, et particulièrement celle du sésame et celle du coton, donne des résultats encourageants et progressifs. La possibilité d'une grande exploitation agricole à Tchoucour-Ova n'est donc plus à démontrer.

Il nous reste par contre à étudier les moyens d'organiser cette exploitation et à donner un aperçu des résultats qu'on est en droit d'en attendre si elle est sagement et sérieusement conduite.

DEUXIÈME PARTIE

PLAN GÉNÉRAL D'EXPLOITATION

I. SERVICES GÉNÉRAUX

Le plan général qu'on trouvera ici n'a pas la prétention d'être le seul plan d'exploitation possible. Nous ne dirons même pas que c'est le plan proposé par nous : il est évident, en effet, qu'une exploitation de ce genre

TCHERKESSES.

ne procédera pas suivant des idées a priori trop précises et qu'au fur et à mesure qu'on avancera on aura à tenir le plus grand compte des circonstances, des essais, des erreurs, et de tous les facteurs qu'il est impossible de prévoir à l'avance.

Nous considérons seulement notre plan comme un cadre général commode pour étudier les différentes parties de l'exploitation et pour permettre d'en apprécier le rendement probable.

Quatre services généraux doivent être organisés dans un domaine de cette étendue et développés au fur et à mesure de l'exploitation : un service de gardiennage, un service d'hygiène et d'assistance médicale, un service vétérinaire et un service d'incendie.

Gardiennage.

Ce service pourra être confié aux Tcherkesses habitant la région ; car cette race possède au plus haut degré les qualités nécessaires pour faire d'excellents gardiens : les Tcherkesses sont honnêtes, très attachés à leur maître quand ils sont équitablement traités, excellents cavaliers, courageux.

Ces gardiens seront tous montés. Nous estimons qu'il en faudra 58 pour une surface de 40.000 hectares cultivés.

Les dépenses pour l'équipement de chaque garde peuvent être évaluées comme suit :

Valeur d'un cheval................	300 francs.
Harnachement.	80 —
Armement......................	50 —
Soit.............	430 —

Total pour 58 gardes : 25.000 francs.

Dépenses annuelles par garde et par cheval :

Traitement........................	960 francs par an.
Nourriture d'un cheval...............	200 —
Amortissement du cheval	37 50 —
— du harnachement........	16 —
Ferrure...........................	25 —
Cartouches, divers, etc.	15 50 —
Total.............	1.254 » —

Soit pour 58 gardes un total de 72.732 francs par an.

Hygiène et assistance médicale.

La plaine de Tchoucour-Ova est actuellement sujette à l'action du paludisme. La Société aura tout intérêt à améliorer les conditions d'hygiène de la population ouvrière ; elle disposera ainsi d'un plus grand nombre d'ouvriers, et d'ouvriers bien portants.

Les mesures à prendre pour combattre le paludisme sont les suivantes :

1° Travaux d'assainissement des parties marécageuses ; desséchement des mares pour que les larves d'anophèles ne puissent plus se développer ;

2° Pétrolage des mares stagnantes (1) ;

---

(1) Il ne faut pas oublier que les Américains ont fait presque disparaître la fièvre jaune à Cuba, quelques années après l'occupation de cette île, en appliquant les mesures précédentes.

3º Plantation d'arbres le long des cours d'eau, fossés, routes et autour des villages ;

4º Distribution gratuite de quinine sous forme de dragées telles qu'elles sont employées en Algérie, en Grèce et en Italie ;

5º Assistance médicale gratuite.

Le pétrolage devra être fait par les habitants de chaque village sous la conduite du personnel technique de la Société. Il nécessitera pendant quelques années une dépense annuelle d'environ 5.000 francs.

Les plantations d'arbres devront être effectuées autour des villages et dans les villages mêmes, le long des routes, fossés, cours d'eau. En vue d'une production suffisante d'arbustes, il pourra être créé une ou plusieurs pépinières en des endroits convenablement choisis. On peut estimer les frais d'entretien des pépinières, d'arrachage et de plantation des arbustes, à environ 10.000 francs par an, pendant quelques années.

La distribution de quinine sera faite par le service médical.

Un médecin chef, en résidence à Merdjimek, devra diriger ce service. Un ou deux autres médecins pourront lui être adjoints pour se transporter selon les besoins sur les différentes parties du domaine.

A Merdjimek également devra être organisée, sous la direction du médecin chef, une infirmerie, pour les soins à donner aux ouvriers victimes d'accidents. Il semble suffisant de prévoir une dizaine de lits et comme personnel un infirmier chef, un pharmacien et deux gardes-malades.

Les frais occasionnés par le service médical peuvent être prévus comme suit :

Honoraires (un médecin chef, deux médecins
adjoints, un infirmier, un pharmacien, deux
gardes-malades, deux garçons de service) . 31.200 francs par an.
Nourriture et médicaments pour 10 lits, à 3 fr.
par jour, pendant 365 jours............... 10.950 —
Entretien de l'infirmerie .... 5.000 —
                                            ————
    TOTAL.................. 47.150 —

Le service d'hygiène et d'assistance médicale coûterait donc au total, pendant les premières années :

Pétrolage........................... 5.000 francs par an.
Pépinières et plantations d'arbres...... 10.000 —
Service médical et infirmerie.......... 47.150 —
                                       ————
    TOTAL............... 62.150 —

Mais ce chiffre devra, après quelques années, diminuer progressivement.

Service vétérinaire.

L'objet de ce service sera de soigner les animaux malades (bétail de trait ou bétail de rapport), et aussi d'étudier toutes questions relatives à l'introduction de races nouvelles, à la protection contre les épidémies, etc.

Le personnel nécessaire comprendra un vétérinaire chef et deux aides ; ensemble 9.600 francs.

Les frais d'installation du laboratoire et de la pharmacie représentent une dépense d'établissement de 7.000 francs environ.

Les soins donnés aux animaux et l'entretien du laboratoire peuvent être évalués à 5.000 francs par an environ, ce qui, joint aux 9.600 francs d'appointements, ferait une dépense annuelle d'environ 15.000 francs.

Service d'incendie.

L'établissement de ce service est très important : il faut pouvoir enrayer les incendies qui se produiraient par accident ou négligence (1) dans les granges, magasins de récoltes, usines d'égrenage du coton, etc.

Ce service ne nécessitera pas un personnel particulier si les ouvriers de la ferme, dirigés par le personnel technique, sont pourvus du matériel nécessaire et exercés de temps à autre au maniement des pompes et des différents instruments.

L'achat du matériel nécessitera une dépense d'établissement d'une vingtaine de mille francs ; son entretien environ 2.500 francs par an.

---

(1) Il n'y a pas à redouter la malveillance, le pays est très sûr.

A MERDJIMEK. — LA MAISON DU DIRECTEUR
(Les maisons qu'on voit plus loin sont celles du personnel)

II. CONSTRUCTIONS ET VOIRIE

Routes.

Le domaine de Tchoucour-Ova n'est actuellement desservi par aucune route carrossable. La chaussée d'Adana à Sis se trouve à la limite ouest du domaine et la route de Missis à Sis n'est qu'à l'état de projet.

Deux routes principales semblent nécessaires pour permettre en toute saison la circulation des charrettes du pays (*arabas*) : circulation indispensable pour le transport des produits, pour le transport du combustible, et enfin pour le déplacement facile et rapide des machines agricoles.

La première route pourrait partir du village de Mendeli, au nord-ouest de Merdjimek, et aboutir à Merdjimek en passant successivement par les villages de Bodjek, Demjean, Kezik et Tchoucour-Kamouch ; soit une longueur de 12 kilomètres.

La seconde route partirait du village de Hamam-Kioï, desservirait successivement le village de Kourt-Ouglou, la ferme de Haidar-Aga, et rejoindrait le fleuve Djeïhan ; soit une longueur d'environ 16 kilomètres.

Construites sur 3 mètres de largeur, avec fossé protecteur de chaque côté, empierrées, ces deux routes ne comporteraient aucun travail d'art important, sauf un pont en pierre sur le Deli-Tchaï, de 12 mètres sur 4 mètres, et comptées à 18.000 francs le kilomètre reviendraient au total à environ 500.000 francs.

Bâtiments.

Les bâtiments existant actuellement à Merdjimek sont spacieux et en bon état ; ils seront très précieux pour les débuts de l'exploitation et permettront de la commencer aussitôt la prise de possession de la ferme. Ils suffiront, à peu de chose près, pour l'exploitation d'un premier lot de 5.000 hectares.

Ils nécessiteront cependant quelques aménagements, principalement dans les écuries, pour améliorer les conditions d'hygiène du bétail, et dans le magasin pour faciliter le déchargement des marchandises. Ces différentes réparations coûteront environ 20.000 francs.

La mise en culture de chaque lot nouveau (de 4 à 5.000 hectares chacun) entraînera la construction des bâtiments suivants :

MAGASINS :	1 magasin pour céréales..........	95.000 francs.	
	1 — sésame..........	13.000 —	
	1 — coton............	13.000 —	
	1 — légumineuses.....	11.500 —	132.500 fr.
HANGARS :	1 hangar pour matériel de culture..	3.500 —	
	1 — la paille du bétail de de trait.....................	9.000 —	
	1 hangar pour combustible, huiles, etc..........................	2.000 —	
	1 hangar pour l'orge nécessaire à l'entretien du bétail...........	5.000 —	19.500 fr.
HABITATIONS :	1 habitation pour le personnel technique......................	8.000 —	
	1 habitation pour les contremaîtres.	8.000 —	
	1 — le personnel ouvrier.......................	8.000 —	24.000 fr.
ÉCURIES :	1 écurie pour les chevaux........	10.000 —	
	1 — les bœufs..........	20.000 —	30.000 fr.
	TOTAL.............................		206.000 fr.

Il faut compter en outre chaque année une dizaine de mille francs pour l'entretien en bon état de ces divers bâtiments.

Le prix élevé du magasin de céréales frappe à première vue : c'est que ce magasin doit être construit et aménagé avec un soin tout particulier. La maçonnerie et les toitures doivent être faites de manière à éviter les suintements d'eau après les pluies, qui pourraient mouiller les graines et provoquer leur fermentation ou leur germination. Les planchers devront être surélevés à une hauteur au moins égale à celle de l'essieu des véhicules en usage dans la région. Devant chaque magasin devra être construit un quai de déchargement. Le plancher sera pavé en pierres et non en bois car les rats et les souris auraient vite fait de le ronger et d'y percer des trous. Enfin les dimensions des magasins devront être suffisantes pour permettre l'emmagasinement d'une récolte de moitié au moins supérieure à la récolte annuelle moyenne.

Travaux de protection contre les inondations du Dehli-Tchaï.

La surface totale des terres qui sont sujettes aux inondations causées par les crues du Dehli-Tchaï peut être évaluée à 10.000 hectares. Ces terres sont inondées pendant plus de deux mois. Les travaux effectués pour les préserver de l'inondation consisteront d'abord en une rectification du cours du Dehli-Tchaï, très sinueux, de façon à le rendre plus rectiligne. En diminuant ainsi la longueur du parcours on augmentera la vitesse d'écoulement des eaux. Outre ces travaux de rectification il sera nécessaire d'établir une digue tout le long des rives basses où généralement a lieu le débordement.

Tous ces travaux nécessiteront les dépenses suivantes :

Frais de rectification et établissement des digues.	150.000 francs.
Frais pour l'étude préliminaire..................	10.000 —
TOTAL	160.000 —

Irrigations.

L'irrigation a une importance capitale pour la culture du cotonnier dans les pays où la pluie fait défaut pendant la période de végétation de la plante : tel est le cas de l'Égypte, où la culture du cotonnier aurait été impossible si l'on n'avait pas eu recours aux irrigations. Ce n'est qu'après l'achèvement des grands barrages sur le Nil et la construction de canaux d'arrosage que la culture du cotonnier y est devenue rémunératrice. Ces travaux ont entraîné des dépenses énormes, soit plus de 300 francs par hectare.

Les études qui ont été faites en vue d'irrigations dans la plaine d'Adana font ressortir une dépense d'environ 350 francs à l'hectare. Heureusement ces irrigations ne sont pas nécessaires : nous avons vu que la plaine de Tchoucour-Ova est beaucoup plus favorisée que l'Égypte par le régime des pluies ; d'un autre côté la nature du sol permet de lutter avantageusement contre la sécheresse : il suffit pour cela d'effectuer deux labours profonds et répétés de manière à bien ameublir le sol ; il faut que ces labours soient effectués de bonne heure avant la chute des grandes pluies d'automne et d'hiver de façon à emmagasiner le plus d'eau possible et créer ainsi un stock d'eau considérable dans les couches profondes du sol où les racines viendront puiser petit à petit l'eau nécessaire à la bonne végétation des plantes : le sol bien ameubli n'oppose pas de résistance à l'acheminement des racines vers les couches profondes loin de la surface qui se dessèche facilement pendant l'été (il ne faut pas oublier, en effet, que le système radiculaire du cotonnier est pivotant et tend par conséquent à s'enfoncer profondément dans le sol). Après avoir eu soin de bien labourer le sol, il ne faut pas non plus négliger les soins d'entretien pendant la végétation de la plante, c'est-à-dire les sarclages et les binages dont l'effet est de diminuer les pertes d'eau par évaporation directe du sol ou par l'intermédiaire des mauvaises herbes qui poussent à côté du cotonnier. Il faudra appliquer en somme une méthode culturale approchant beaucoup de la méthode du *dry-farming* grâce à laquelle les Américains ont su tirer un bon parti de terres arides.

Nous pensons qu'en appliquant ce mode de culture nous pourrons non seulement maintenir le rendement à son maximum actuel, mais l'augmenter encore tout en nous passant d'irrigations.

Assainissement et desséchement.

Les terrains marécageux du domaine de Tchoucour-Ova représentent une superficie d'environ 25.000 hectares.

L'assainissement et le desséchement d'une telle superficie peuvent être intéressants si les terres assainies et desséchées deviennent propres à la culture. Ce desséchement nécessiterait :

1° La rectification du cours du Djeïhan sur une longueur de 6 kilomètres ; coût : 105.000 francs au kilomètre, soit pour 6 kilom. : 630.000 francs ;

2° L'établissement d'une digue le long des rives basses du fleuve, sur une longueur totale d'environ 25 kilomètres ; à 18.000 francs par kilomètre, soit 450.000 francs ;

3° Le desséchement par le moyen de canaux d'asséchement secondaires qui déverseraient leurs eaux dans des canaux plus importants ; à 110 francs par hectare, soit, pour 25.000 hectares, 2.750.000 francs.

Au total, 3.830.000 francs, auxquels s'ajouteraient en outre les frais d'étude de ces travaux, à raison de 1,10 par hectare, soit 27.500 francs.

Il va sans dire que l'entreprise de tels travaux ne saurait être envisagée qu'après une étude préalable et tout à fait probante des possibilités de la culture sur les terres desséchées. Si la culture est possible et suffisamment rémunératrice pour couvrir les frais d'assainissement, l'amortissement du capital engagé et les frais de culture, on pourra procéder petit à petit, et par exemple, en dix années, à l'asséchement de ces terres marécageuses.

III. PERSONNEL ET MAIN-D'ŒUVRE

Personnel technique et directeur.

La superficie immédiatement cultivable sur le domaine de Tchoucour-Ova, sans assainissement préalable, peut être évaluée à environ 40.000 hectares. Nous estimons que 5.000 hectares peuvent être mis en valeur chaque année.

Si ce chiffre est atteint, huit années suffiraient à la mise en valeur des 40.000 hectares.

Il y aura lieu d'examiner s'il convient de réunir les 5.000 hectares sous une seule direction, ou s'il est préférable d'entreprendre l'exploitation par lots plus petits, de 1.500 à 2.000 hectares chacun. Selon la méthode choisie, on répartirait les 40.000 hectares en huit lots de 5.000 hectares chacun, ou, par exemple, en vingt-cinq fermes plus petites, de 1.600 hectares chacune : dans le premier cas on mettrait en exploitation un lot chaque année ; dans le second, on équiperait chaque année trois fermes nouvelles.

Avec l'un ou l'autre plan, le personnel technique et directeur reviendrait sensiblement au même prix, soit de 350 à 400.000 francs environ par an pour les 40.000 hectares.

Dans les calculs qui suivent, nous prendrons comme base le chiffre de 5.000 hectares : ce chiffre ne préjuge en rien de la méthode adoptée ; nous pouvons le considérer comme une base légitime puisqu'avec l'une ou l'autre méthode c'est bien 5.000 hectares environ qu'on peut prévoir comme superficie mise en valeur chaque année.

Personnel des bureaux.

Il est difficile de prévoir le nombre de personnes nécessaire au travail des bureaux, comptabilité, caisse, correspondance, etc. Ce personnel variera très probablement au fur et à mesure du développement de l'exploitation. Un caissier et un comptable chef seront les chefs principaux de ce service, sous la direction d'un administrateur. L'ensemble du service coûtera de 25 à 40.000 francs selon l'extension qui sera nécessaire.

Personnel ouvrier.

Le personnel ouvrier devra comprendre deux catégories : un personnel fixe et un personnel volant.

Les ouvriers fixes seront affectés à la conduite de certains outils demandant une certaine habileté et une certaine habitude, tels la houe pour les sarclages de plants de cotonnier, la conduite de charrues à vapeur, de moissonneuses-lieuses, etc. Ce personnel pourra être recruté facilement dans la région même. Chaque lot de 5.000 hectares exigera 18 ouvriers attachés au matériel de labourage à vapeur et 42 ouvriers aux travaux de culture, soit en tout 60 ouvriers par lot, et pour les huit lots 240 (1).

Le personnel volant sera embauché à certaines époques de l'année, au moment où les travaux sont importants et doivent être exécutés dans un court laps de temps comme les semailles, la moisson, la cueillette du coton, l'égrenage.

Le personnel fixe devra être logé par les soins de la Société dans des bâtiments spécialement construits à cet effet. Son salaire variera depuis 1 franc jusqu'à 2 francs selon sa capacité. La nourriture sera à sa charge. La Société, en cas de bonnes récoltes, devra lui allouer une gratification proportionnelle à la durée de service et à la part que chaque ouvrier aura prise dans le travail.

Installation de familles de colons.

La main-d'œuvre actuellement recrutable sur le domaine de Tchoucour-Ova peut, comme nous l'avons vu, être évaluée à 1.500 individus, auxquels il faut ajouter la population d'environ 100.000 ouvriers qui descend des montagnes pour la moisson.

Cette quantité de main-d'œuvre est suffisante pour la culture des céréales, mais serait insuffisante si l'on voulait exploiter une très grande superficie en coton. Il faut donc se préoccuper d'une augmentation de cette main-d'œuvre, soit que l'on cherche à fixer sur le domaine une partie de la population nomade, soit que l'on s'efforce d'y installer une population nouvelle, provenant d'une quelconque des parties de l'Empire.

Le domaine est assez vaste pour permettre l'installation de 500 familles de colons. Il faudrait naturellement répartir ces 500 familles en plusieurs villages et placer les villages à des endroits convenables, ne gênant pas l'exploitation de la société tout en restant à proximité de la région où la population devrait être employée. Il faudrait construire des maisons, des écuries, fournir à chaque famille le bétail de travail nécessaire, les instruments de culture et une avance en argent pour son entretien jusqu'à la première récolte de céréales.

Outre une augmentation de la main-d'œuvre extrêmement précieuse pour tous les travaux agricoles de la Société et en particulier pour la cueillette du coton et l'arrachage du sésame, cette colonisation peut fournir l'avantage d'un rendement intéressant. Supposons, en effet, que l'on donne à chaque famille un lot de terre de, disons 12 hectares, dont 6 hectares seront

---

(1) Les dépenses représentant les salaires de ces ouvriers ont été comptées dans les frais de culture et les frais de labour à vapeur, de sorte que nous n'en tiendrons pas compte spécialement dans ce chapitre.

cultivés en blé tandis que les 6 autres resteront en jachère pour être cultivés en blé l'année suivante. Chaque famille cultivera à ses frais les céréales ; le battage pourra être fait par les batteuses de la Société à raison d'une indemnité de 3 p. 100 sur le grain battu. La récolte terminée et pesée la Société prélèvera pour sa part la quantité avancée comme semence qu'elle fournira de nouveau pour les semis de l'année suivante. Elle prélèvera la dîme plus les frais de battage, soit en tout 15 p. 100 de la récolte ;

A MERDJIMEK. — UN GROUPE DE TCHERKESSES.

et ce qui restera sera partagé également entre la Société et la famille. Chaque famille de colons payera en outre à la Société une somme de 42 fr. 50 par an pour l'amortissement des 850 francs avancés par la Société pour son entretien jusqu'à la première récolte de céréales.

L'opération pour 500 familles donne les résultats suivants :

CAPITAL A ENGAGER

Frais de construction d'une maison et d'une écurie pour 2 familles, 3.000 francs, soit par famille ...	1.500 francs.
1 charrue.....................................	40 —
1 herse......................................	30 —
1 voiture.....................................	300 —
1 paire de bœufs.............................	500 —
A reporter...........	2.370 —

Report	2.370	—
1 âne...	50	—
Harnachement, instruments de pansage	40	—
Semences, 660 okes de blé	170	-
Entretien de la famille jusqu'à la première récolte.	850	—
	3.480	—

Soit, pour 500 familles.....................	1.740.000	francs.
Construction de 5 mosquées................	30.000	—
— 5 écoles...................	15.000	—
Forage de 4 puits	20.000	—
Total...............	1.805.000	—

RECETTES

Chaque famille pourra récolter 7.920 okes de blé ; déduction faite de la semence, de la dîme et des frais de battage, il restera 7.140 okes, à partager, d'une valeur de 1.785 francs, soit, pour chaque part...... 892 fr. 50
Amortissement de l'avance de 850 francs................... 42 fr. 50

Total par famille.............. 935 fr. »

Soit, pour 500 familles 467.500 francs.

Si l'on compte à 6 p. 100 l'intérêt du capital engagé, soit 108.300 francs, et si l'on prévoit pour l'entretien des bâtiments, mosquées, écoles, etc., 60.000 francs, soit 168.300 francs, il reste un bénéfice de 299.200 francs, soit un rendement de 16,56 p. 100 sur le capital engagé de 1.805.000 francs.

La colonisation devra se faire petit à petit de façon à pouvoir suivre chaque année les résultats : on commencera par exemple par fixer 100 familles la première année et, en cas de réussite, on installera les années suivantes 100 autres familles, ou 150, ou 200, selon les capitaux qu'on voudra engager et le besoin qu'on aura de voir la colonisation plus ou moins rapidement terminée. En agissant ainsi l'on pourra modifier les conditions de l'installation selon l'expérience et selon les usages et les coutumes de chaque race, qui diffèrent grandement d'une race à l'autre.

IV. LE BÉTAIL

Bétail de trait.

Nous comprenons sous cette désignation les animaux entretenus sur le domaine dans le but de fournir la traction nécessaire à l'exécution des différents travaux de culture, de récoltes, etc.

Certains travaux comme l'ensemencement et le recouvrement des semences doivent être exécutés dans un délai de temps relativement court; par conséquent on sera forcé, le plus souvent, d'augmenter la vitesse des attelages si l'on ne veut pas multiplier leur nombre. Les bœufs vont plus lentement que les chevaux ou les mulets, et comme ces travaux n'exigent pas un grand effort, on emploiera des chevaux pour la traction des semoirs et des bœufs pour la traction des trisocs.

La moisson faite par des moissonneuses-lieuses exigeant un effort considérable et continu, les bœufs nous paraissent y convenir mieux que les chevaux. Les mulets sont aussi bons que les bœufs, mais leur prix d'achat est double et leur entretien est aussi plus coûteux que celui des bœufs. Pour le sarclage et le binage des plants de coton, on utilisera les chevaux pour pouvoir passer entre les rangs.

Le prix d'achat d'un attelage de deux chevaux est de 500 francs ; le prix du harnachement de 100 francs ; ensemble, 600 francs. Les frais d'entretien annuels, amortissement des bêtes compris, s'élèvent à environ 790 francs.

Le prix d'achat d'un attelage de deux mulets est de 1.000 francs ; le prix du harnachement de 100 francs ; ensemble, 1.100 francs. Les frais d'entretien annuels, amortissement des bêtes compris, représentent environ 825 francs.

Le prix d'achat d'un attelage de deux buffles est de 700 francs; le harnachement ne coûte que 40 francs ; ensemble, 740 francs. L'entretien annuel, amortissement des bêtes compris, s'élève à environ 540 francs.

Le total des frais d'entretien et d'amortissement du bétail de trait semble devoir atteindre de 75 à 80.000 francs par an.

Bétail de rapport.

Nous désignerons sous ce nom le bétail de rente, c'est-à-dire celui qui sera entretenu sur le domaine pour fournir des produits directs et non du travail.

Les conditions dans lesquelles se trouve actuellement le domaine de Tchoucour-Ova au point de vue cultural ne permettent pas l'entretien du bétail en vue de l'engraissement. En effet d'un côté les plantes fourragères,

luzerne, trèfles, foin de prairie, et les racines telles que betteraves fourragères, pommes de terre, etc., font complètement défaut dans la plaine de
Tchoucour-Ova et la nature du terrain trop compact ne se prête pas bien
à leur culture ; d'un autre côté les races animales, c'est-à-dire la race
bovine et la race ovine de la région et des régions environnantes ne sont
pas aptes à engraisser rapidement; et enfin leur conformation trop osseuse
fait que le rendement en viande serait faible.

Si nous considérons d'autre part les prix de la viande de bœuf au
marché d'Adana, nous voyons qu'ils varient de 3 à 4 piastres l'oke de
viande, c'est-à-dire 0,65 à 0,90 l'oke (0,47 à 0,72 le kilo) ; ces prix ne sont
pas du tout encourageants en vue de l'engraissement. Par conséquent il
faudra s'orienter ailleurs. Le but de l'entretien du bétail de rapport sera
l'élevage. Les animaux que l'on élèvera seront les bovidés (vaches, bœufs
et buffles) les ovidés et les porcs.

L'entretien de ces animaux sera assuré par les ressources naturelles du
domaine, aucune culture spéciale ne sera faite dans ce but. Ce bétail
utilisera une partie des terrains marécageux jusqu'à ce qu'ils soient mis en
culture, les chaumes des céréales après la moisson, les champs de coton
après la dernière cueillette, et les 6.000 hectares de terrains accidentés
situés dans la partie Nord et Nord-Ouest vers les massifs de l'Antitaurus
et les montagnes de Sis et de Kars.

Bovidés. — On peut arriver à entretenir dans ces conditions un troupeau
de 2.000 vaches avec 70 taureaux et un troupeau de 500 bufflonnes avec
20 taureaux. Les buffles seront placés sur les parties marécageuses,
qu'ils affectent mieux que les endroits secs, car ils doivent pouvoir se
baigner pendant les grandes chaleurs de l'été. Ce bétail sera amorti en
10 ans : dans les conditions où il sera forcé de vivre presque à l'état
sauvage, il faut qu'il soit composé de bêtes robustes ; il faut tenir compte
aussi de la mortalité par suite d'accidents ou de maladies, environ 5 p. 100
de l'effectif par an. Les génisses seront gardées pour remplacer les vieilles
vaches éliminées ou mortes, et l'on vendra le reste; les mâles seront
gardés pour être vendus à l'âge de 3 ans comme bêtes de trait.

Elevage des moutons. — Le nombre des brebis entretenues dans les
parties précédemment indiquées du domaine pourra être de 10 à 15.000
plus 400 béliers. La race ovine de Tchoucour-Ova est la race de Cara-
manie ; les sujets atteignent une taille élevée et sont caractérisés par une
queue très large où la graisse s'accumule en grande quantité. La chair de
ces animaux n'est pas très estimée ; la laine est plutôt grossière ; mais la
brebis est bonne laitière. Il serait avantageux d'introduire d'autres races
ovines pouvant fournir une laine supérieure et une chair plus estimée, ce
qui pourra être réalisé facilement, la région s'y prêtant très bien.

Les agneaux ne sont pas généralement vendus dans le pays. Après
l'union du chemin de fer de Bagdad avec les chemins de fer de l'Anatolie,
on pourra vendre les agneaux soit à Smyrne, soit à Constantinople. La

chair de mouton, se vend de 4 à 6 piastres l'oke à Adana, c'est-à-dire de 0 fr. 70 à 1 fr. le kilo ; elle est donc plus estimée que celle du bœuf. La laine produite par chaque animal adulte pourra être évaluée à 1 fr. 50, celle des moutons à 0 fr. 75. Le lait ne pourra pas être vendu en nature, il sera écoulé sous forme de fromage ou de beurre.

LABOURS A LA MACHINE (plaine d'Adana)

D'après les renseignements de plusieurs propriétaires, l'élevage de ces bestiaux donnerait des résultats très satisfaisants.

Pour les bovidés on peut prévoir, après trois ans, un rendement de 35 à 40 p. 100 du capital engagé.

Pour l'élevage des moutons, certains propriétaires nous ont affirmé avoir atteint un bénéfice net supérieur à 100 p. 100 du capital engagé ; ce chiffre nous paraît exagéré ; et nous estimons que l'opération restera excellente si le bénéfice net atteint, comme pour les bovidés, de 35 à 40 p. 100.

LABOURS A LA MACHINE (plaine d'Adana).

V. MATÉRIEL DE LABOUR ET DE CULTURE

L'exploitation du domaine nécessitera l'emploi d'un matériel de culture important.

L'immense étendue des terres qui seront mises en valeur, la nature des cultures qui y seront appliquées, l'insuffisance de la main-d'œuvre, le relief du sol permettant l'emploi facile des machines, nous engagent à nous servir d'un outillage aussi complet que possible pour la préparation du sol et l'exécution des différents travaux d'entretien et de récolte.

L'extension de la culture des céréales jusqu'à la limite de 24.000 hectares ne sera possible qu'avec le concours de machines. De même la culture du cotonnier faite selon la méthode qu'il convient d'employer pour réaliser des rendements élevés ne sera économiquement avantageuse que par l'emploi d'un matériel spécial.

La nature du sol nous obligera à effectuer des labours profonds et parfaits pour bien ameublir la terre. Ces labours ne pourront être faits qu'à l'aide de machines ; on ne peut guère songer à l'emploi de la force animale : elle nécessiterait un nombre considérable d'animaux de trait qui seraient inutilisables pendant une bonne partie de l'année, et les labours dans ces conditions reviendraient à des prix trop élevés. Au contraire les machines sont tout indiquées, non seulement au point de vue de la commodité de l'exécution des labours, mais surtout au point de vue des avantages économiques qu'elles réalisent.

Matériel de labour.

L'outillage employé en Amérique et au Canada nous paraît réaliser les meilleures conditions. Les Américains ont beaucoup perfectionné le matériel de labour et de récolte des céréales, ce qui a permis l'extension considérable de cette culture dans le Far-West et au Canada.

La profondeur des labours sera de 0 m. 20 dans les terres à céréales et de 0 m. 20 à 0 m. 30 ou 0 m. 40 dans les terres à coton. Ces chiffres indiquent des limites qu'il ne sera pas nécessaire d'atteindre sur toute l'étendue des terres cultivables.

Pour les labours à partir de 0 m. 25 et au dessous, on emploiera le matériel suivant :

1 locomotive routière dont la force effective sera de 80 HP pour labourage direct, pouvant traîner une ou deux charrues, montée avec injecteur-pompe, graisseur mécanique, réservoir d'eau supplémentaire sous la chaudière, réchauffeur d'eau et abri. Le prix d'une telle machine livraison franco bord port anglais sera de.. . . . . 1.065 liv. st.
1 charrue à 6 socs . . . . 96 —
1 charrue à 4 socs . . . . 72 —
1 charrue à disques . . . . 46 —
1 herse . . . . 30 —
Rouleaux Croskill . . . . 46 —

TOTAL . . . . 1.355 liv. st.

Soit, en comptant la livre à 25 fr. 30, un total de 34.281 fr. 50.

Pour les labours à partir de 0 m. 25 et au dessus, il faut employer le matériel suivant :

2 machines " Compound " de 20 HP nominaux pouvant faire 160 HP indiqués avec 411 mètres de câble par treuil . . . . 2.225 liv. st.
1 charrue trisocs à bascule . . . . 160 —

2.385 liv. st.

Soit : 60.340 fr. 50.

Pour une étendue de 5.000 hectares il faudra 3 machines du premier type et 2 machines " Compound " ; soit : 3 × 34.281 fr. 50 = 102.844 fr. 50
60.340 fr. 50 == 60.340 fr. 50

Livraison franco bord port anglais . . . . 163.185 fr. »

Le prix de revient du labourage à 0 m. 20, s'établit comme suit pour 6 hectares (frais journaliers) :

PERSONNEL : 2 mécaniciens ; 1 chauffeur ; 2 hommes à la charrue ;

1 aide ; 5 conducteurs de barils	34 francs.
Combustible..	70 —
Huile...	4 —
Nourriture de 10 bœufs pour traîner les barils.........	5 —
Amortissement.....................................	1 50
Amortissement du baril.............................	0 50
Amortissement des machines et charrues et réparations.	25 —
Frais divers.......................................	3 —
	143 —

Soit 143 francs de frais par jour et pour 6 hectares labourés ; donc :

$$\frac{143}{6} = 24 \text{ francs en chiffre rond à l'hectare.}$$

Le hersage reviendrait à 14 fr. 30 à l'hectare.

Les charrues à disque font un travail parfait dans les champs qui ont été déjà cultivés, la terre est bien pulvérisée et le labour est économique car on peut faire de 8 à 9 hectares au lieu de 6 par jour. Dans les terres vierges, compactes, les charrues à disque font un travail moins parfait.

Le prix de revient du labourage avec 2 machines " Compound " s'établit ainsi pour 4 hectares 1/2 (frais journaliers) :

PERSONNEL. : 2 mécaniciens ; 2 chauffeurs ; 2 hommes à la charrue ;

1 aide...................	40 francs.
Frais pour l'alimentation en eau	34 —
Amortissement du matériel........................	35 —
Combustible......................................	88 —
Huile...	8 —
Frais divers.....................................	4 —
	209 —

Soit 209 francs par jour et pour 4 hectares 1/2 labourés ; donc :

$$\frac{209}{4.5} = 52 \text{ fr. 25 à l'hectare.}$$

Matériel de culture.

Le matériel de culture nécessaire à l'exploitation de 5.000 hectares sera le suivant :

1° Pour la culture de 3.000 hectares en céréales :

23 semoirs mécaniques à distribution forcée semant à la volée.
Largeur de la caisse 3 mètres. Chaque semoir sera monté

sur 2 roues. Le prix de chaque semoir est 345 francs, soit

pour les 23 semoirs..................................	7.935	francs.
88 trisocs pour le recouvrement de la semence, à 190 fr........	16.720	—
40 moissonneuses-lieuses, à 1.000 francs....................	40.000	—
1 batteuse broyeuse de paille à grand travail actionnée par une locomobile de 24 chevaux à la charge normale............	18.000	—
2 presses à paille pouvant faire 40 balles de 50 kil. à l'heure....	8.800	—
1.000 fourches..	3.000	—
TOTAL................	94.455	—

2° Pour la culture de 1.000 hectares de sésame (1) :

30 herses Zig-Zag en 3 parties, largeur totale 2 m. 85, pour recouvrir la semence; à 73 francs l'une, soit..............	2.190	francs.

3° Pour la culture de 750 hectares de coton :

Sarclage : 70 herses multiples à un rang à 58 fr. l'une........	4.060	francs.
Binages : 70 charrues légères genre Oliver à 48 fr. l'une......	3.360	—
Semis : 25 herses à 49 francs............................	1.225	—
25 semoirs américains à 300 francs.......................	7.500	—
750 pioches pour le premier éclaircissage..................	3.000	—
Paniers	750	—
	19.895	—

En comptant 6.000 francs de sacs pour le transport de toutes les graines récoltées et 1.000 francs de pelles pour ramasser les graines, le matériel coûterait donc, en chiffres ronds :

Matériel de culture.....................................	125.000	francs.
Matériel de labour......................................	165.000	—
TOTAL................	290.000	—

L'amortissement sera compté dans l'évaluation des frais de culture.

Un atelier de réparations sera installé à Merdjimek avec tout l'outillage nécessaire pour les réparations de tous les instruments en emploi sur le domaine, depuis les plus grandes machines jusqu'aux simples pioches.

Outre cet atelier fixe on doit avoir 2 petits ateliers mobiles pour les réparations de moindre importance qui devront être faites sur place afin d'éviter le déplacement des machines à réparer.

Le personnel comprendra : 1 contremaître chef, 1 ajusteur et une dizaine d'ouvriers ; dépense annuelle : une vingtaine de mille francs.

Les frais d'installation coûteront en bâtiment et matériel environ 35.000 francs.

---

(1) Pour l'ensemencement de graines de sésame et de légumineuses on pourra se servir des mêmes semoirs que pour les céréales.

VI. LA CULTURE; LES CÉRÉALES; LE SÉSAME;

LES LÉGUMINEUSES

--- --- ---

Assolement.

La richesse du sol de Tchoucour-Ova, son climat vraiment merveilleux et les conditions du contrat avec le gouvernement ottoman nous engagent à appliquer l'assolement suivant :

En supposant une sole de 1.000 hectares cultivée les céréales occuperont 600 hectares, dont 400 en blé et 200 en orge. Les cultures printanières occuperont les 400 hectares qui restent, soit 200 hectares en sésame, 150 hectares en coton et 50 hectares en légumineuses (1). Les céréales occuperont la place des cultures printanières l'année suivante, de sorte que chaque culture reviendra à sa première place tous les deux ans. La jachère ne sera pas appliquée, le sol très profond contient de telles réserves en éléments nutritifs qu'il n'y a pas à redouter de le trouver épuisé par une culture continue. La culture continuelle du sol aura, au contraire de bons effets.

En admettant même que la couche superficielle du sol soit épuisée au bout de plusieurs années de culture, ce qui est invraisemblable, la quantité d'eau de pluie qui tombe chaque année est bien suffisante pour permettre la dissolution des principes fertilisants contenus dans les couches plus profondes du sol.

La nature du sol, le climat et le relief du sol absolument plat, permettant l'emploi facile des machines, nous engagent à donner le plus d'extension possible à la culture des céréales : aussi occupera-t-elle la première place dans l'assolement. Nous ne pensons pas pouvoir donner au début plus d'extension à la culture du sésame et à celle du coton dont la cueillette exige une main-d'œuvre importante. La récolte du coton se prolongeant jusqu'en octobre on peut se demander si on aura le temps d'effectuer les labours pour la culture de l'orge qui viendra après ; il n'y a pas lieu de s'inquiéter à ce sujet : en employant un matériel spécial de labour (charrue à disques) on arrivera à effectuer les labours sans retarder trop les semailles de l'orge.

---

(1) A mesure qu'augmentera la main-d'œuvre, on donnera une plus large part à la culture cotonnière, qui est la plus rémunératrice.

Les céréales.

Labours. — La préparation du sol consistera en un labour à la vapeur à 0 m. 20 de profondeur suivi d'un hersage ou d'un roulage au moyen de rouleaux Croskill de façon à bien ameublir et pulvériser les mottes.

Semis. — On sèmera à la volée au moyen de semoirs mécaniques et on recouvrira ensuite les semences par un labour léger à l'aide de trisocs traînés par deux chevaux. La quantité de semence nécessaire est de 100 à 110 okes par hectare (une oke = 1 kil. 250) ; ceci pour le blé ; pour l'orge ou l'avoine on sèmera 140 okes à l'hectare. La quantité de semence employée varie selon la nature du sol ; on augmentera la quantité dans les champs sujets à être envahis par les mauvaises herbes, on diminuera par contre la semence dans les bonnes terres. Il n'y aura pas de soins d'entretien à donner, à part un hersage si les jeunes plants sont trop touffus afin d'éviter la verse plus tard.

Rendement. — Les rendements sont très variables d'année en année selon que les conditions météorologiques ont été plus ou moins favorables ; cependant on peut presque toujours compter sur un rendement rémunérateur. Ce qui est surtout dangereux pour les céréales, c'est une sécheresse prolongée au printemps ; or ce danger n'existe pas dans la plaine de Tchoucour-Ova ; à part de très rares exceptions le printemps, y est plutôt pluvieux, et la verse des plantes est beaucoup plus à craindre que leur dépérissement par suite d'une sécheresse prolongée.

On peut obtenir à l'hectare une récolte représentant dix fois et même jusqu'à 40 fois la quantité de semence employée. Nous nous tiendrons pour le blé au chiffre de 12 fois la quantité semée, c'est-à-dire 1.320 okes à l'hectare et 2.100 okes pour l'orge ou l'avoine. Nous donnerons la préférence à l'orge plutôt qu'à l'avoine car elle mûrit bien avant (du 20 avril au 10 mai) ; la maturation de l'avoine arrive en même temps que celle du blé ; la moisson sera échelonnée, au lieu d'être faite en même temps que celle du blé et on pourra par conséquent utiliser un nombre moindre de moissonneuses que si l'on devait moissonner toute la récolte de céréales en même temps. En outre, la valeur marchande de l'orge est supérieure à celle de l'avoine : ainsi l'orge se vend de 25 à 50 paras sur le marché d'Adana (0.20) tandis que l'avoine ne se vend que de 18 à 25 paras soit en moyenne 0,12 l'oke.

Moissons. — La moisson s'effectuera à l'aide de moissonneuses-lieuses ; chaque moissonneuse sera attelée de 4 mulets ou 6 bœufs ; si l'on est pressé de moissonner on emploiera les mulets à la place des bœufs qui vont plus lentement. Les bœufs pourront être occupés au transport des gerbes à l'endroit où aura lieu le battage.

Battage. — Le battage des céréales se fera au moyen de batteuses à grand travail à proximité des champs de façon à réduire les transports au minimum possible ; les grains seront transportés au magasin à Merdjimek. Une partie de la paille pourra être employée comme combustible pour actionner les batteuses (on peut évaluer la quantité de paille employée comme combustible au sixième de la quantité totale de paille produite). On commencera par brûler de la houille jusqu'à ce que l'on arrive à une production à peu près suffisante pour pouvoir actionner les batteuses. En Thessalie nous avons effectué les battages de céréales à l'aide de la paille. L'économie réalisée ainsi sera considérable car la houille vaut à Merdjimek 58 francs la tonne. (Elle est envoyée de Smyrne où elle vaut au maximum 28 shillings : on pourrait certainement aller faire des chargements complets directement à Mersine).

Au matériel ordinaire de battage on doit ajouter un matériel d'éclairage à l'acétylène afin de pouvoir travailler la nuit ; le battage dans la plaine de Merdjimek pourra se prolonger pendant 4 mois ; en comptant aussi 40 nuits, cela fera 160 journées de travail pour chaque batteuse.

La batteuse prévue, batteuse à grand travail actionnée par un moteur de 24 HP, pourra battre de 220 à 300 quintaux, soit pour 160 journées de travail 42.600 quintaux.

Variétés. — La variété de blé actuellement cultivée dans les plaines d'Adana et de Tchoucour-Ova est une variété de blé dur. La variété d'orge cultivée est une variété jaune. Des essais doivent être effectués en vue de l'introduction d'une nouvelle variété de blé et d'orge plus productive et d'une valeur marchande supérieure. Les variétés actuellement cultivées sont dégénérées : en ce qui concerne le blé on se tiendra toujours à une variété de blé dur; quant à l'orge il faudra s'efforcer de produire des orges pour la brasserie : on peut, en effet, obtenir des prix de vente bien supérieurs et avoir un débouché assuré, car l'industrie de la bière est prospère dans l'Orient : il existe à Constantinople deux brasseries importantes qui font de très bonnes affaires.

Frais de culture et rendement de 400 hectares de blé.

Les frais de culture de 400 hectares de blé s'établissent ainsi :

Labourage à la vapeur (24 francs l'hectare)			9.600 francs.
Hersage ou roulage à la vapeur (10 francs l'hectare)			4.000 —
Semis : Salaire des conducteurs	144	»	
Nourriture des chevaux	65	»	
Amortissement des chevaux et de leur harnachement	8	»	
Frais de ferrure	6	»	
Amortissement et entretien du matériel ..	70	»	293 —
A reporter			13.893 —

| | Report .... | 13.893 francs. |

Enfouissement de la semence :

Salaire des conducteurs................	552 »	
Nourriture des chevaux................	496 »	
Amortissement des chevaux et du harnachement..........................	62 50	
Amortissement et entretien du matériel..	137 50	
Ferrure des chevaux...................	46 »	1.294 »

| Valeur des semences (44.000 okes à 0,30)................. | 13.200 » |

Frais de moisson :

Salaire des conducteurs................	320 »	
Nourriture des bœufs.................	68 »	
Amortissement des bêtes et de leur harnachement	82 40	
Amortissement et entretien du matériel..	709 »	
Ficelle (8 francs par hectare)............	3.200 »	4.379 40

| Battage .... | 2.521 » |
| Total........................ | 35.287 40 |

Soit, par hectare $\dfrac{35.287,40}{400} = 88,22$.

Or, un hectare de blé doit donner un produit brut d'une
valeur de .... 330 francs.

Les frais de culture étant de.................	88 22	
et la dime (12 p. 100) de	39 60	
ensemble.................	127 82	127 82

le bénéfice net d'un hectare de blé sera de 202 18

Le bénéfice de 400 hectares sera donc de :

$$202,18 \times 400 = 80.872 \text{ francs.}$$

Frais de culture et rendement de 200 hectares d'orge.

Pour l'orge les frais de culture d'un hectare s'élèvent à 85 fr. 50 ; la
valeur du produit brut à l'hectare est de 303 francs ; on a donc :

Produit brut...		303 francs.
Frais de culture.............................	85 50	
Dîme (12 p. 100)	36 35	121 85
Bénéfice net à l'hectare..............		181 15

Deux cents hectares d'orge donneront donc un bénéfice de :

$$181,15 \times 200 = 36.230 \text{ francs.}$$

Frais de culture et rendement de 200 hectares de sésame.

Les frais de culture du sésame sont assez élevés : environ 115 francs par hectare, se répartissant en :

Labour et hersage.................................	34 francs.
Semis...	4 15
Valeur des semences	10 50
Arrachage des plants...	27 50
Battage et triage.................................	38 20
Total...	114 35

CHAMP DE COTON AMÉRICAIN (plaine d'Adana).

La valeur du produit brut à l'hectare est de 360 francs. On a donc :

Valeur du produit brut...........................		360 francs.
Frais de culture.................................	114 35	
Dîme (12 p. 100)	43 20	157 55
Bénéfice net à l'hectare...		202 45

Le bénéfice net de 200 hectares de sésame est donc de :

$$202,45 \times 200 = 40.490 \text{ francs.}$$

Culture des légumineuses : rendement de 50 hectares.

La variété de légumineuses qui sera cultivée servira à l'entretien du bétail de trait; l'excédent sera vendu. Cette culture n'occupera guère que 50 hectares sur une sole de 1.000 hectares.

Les frais de culture peuvent être évalués à 80 francs par hectare, pour une production de 1.000 okes à l'hectare. Les 1.000 okes valent environ, valeur brute, 300 francs.

La balance s'établirait donc comme suit à supposer que l'on vende toute la production :

Valeur du produit brut		300 francs.
Frais de culture	80 francs	
Dîme (12 p. 100)	36 —	116 ··
Bénéfice net à l'hectare...		184 ··

Le bénéfice de 50 hectares serait donc de $184 \times 50 = 9.200$ francs.

Si la totalité de la production était consacrée à l'entretien du bétail, l'oke revenant à $\dfrac{116}{1000}$ soit 0 fr. 116, la ration journalière d'un bœuf, qui est de 3 okes reviendrait à 0 fr. 35.

VII. LA CULTURE : LE COTON

Méthode de culture à appliquer.

La culture du cotonnier est actuellement faite à Tchoucour-Ova dans des conditions absolument défectueuses. Cette culture étant de toutes la plus rémunératrice et la terre du domaine y étant particulièrement appropriée, il y a lieu d'y donner les plus grands soins et d'y apporter tous les perfectionnements possibles.

Labourage. — Le sol affecté à la culture du cotonnier doit être labouré profondément. On fera deux labours à la vapeur au moyen de deux machines " Compound " de 20 HP. Ces machines actionneront une charrue à bascule à 3 socs pouvant labourer jusqu'à 0 m. 40 de profondeur. Le premier labour demandant une force de traction considérable surtout si le sol est compact, on commencera par un labour de 0 m. 10 et on achèvera par un labour de 0 m. 30 à 0 m. 40. Ces deux labours seront espacés d'un mois et complétés par un hersage énergique à la vapeur ou un roulage au moyen de rouleaux Croskill si les mottes de terre sont difficiles à pulvériser.

Semis. — Le semis se fera en lignes, comme il est pratiqué en Égypte et aux États-Unis. Le semis à la volée usité actuellement, présente, en effet, beaucoup d'inconvénients. Avec le semis à la volée, on emploie une plus grande quantité de graines et on laisse trois fois plus de plants qu'il n'est nécessaire, croyant par là augmenter le rendement ce qui est complètement faux : dans la plaine d'Adana, le nombre de plants dans une surface de 1 hectare est de 100 à 150.000 au lieu de 50.000 en Égypte et en Algérie. Avec le semis à la volée les plants sont disposés sans aucun ordre ce qui rend les sarclages et les binages très difficiles et très coûteux parce qu'on ne peut les effectuer qu'à la main. Les salaires sont très élevés pendant l'époque où ces travaux ont lieu, et quelquefois la main-d'œuvre peut faire défaut à ce moment, parce que tous les propriétaires veulent biner à la même époque : ils sont donc tentés de réduire le nombre des binages ou de les effectuer trop tard, ce qui est une mauvaise pratique.

Au contraire du semis à la volée, le semis en ligne peut se faire à l'aide d'un semoir mécanique spécialement construit à cet effet et qui est très employé aux États-Unis et en Algérie où il donne pleine satisfaction ; ce semoir simplifie beaucoup l'opération du semis et réduit énormément les dépenses.

L'écartement que l'on doit laisser entre les lignes et entre les plants sur les lignes dépend de la nature du sol et de la variété du cotonnier que l'on cultive ; certaines espèces, en effet, sont sujettes à un grand développement et dans ce cas on doit augmenter l'espacement ; de même pour une terre fertile. A Tchoucour-Ova, on pourra se tenir à un espacement de 0 m. 75 entre les lignes et de 0 m. 40 sur les lignes, ce qui portera le nombre des plants à 55.000 par hectare.

La profondeur à laquelle on doit enfouir la graine dépend de la nature du sol et du climat ; à mesure que la compacité de la terre augmente, il faut diminuer la profondeur : dans les terrains argileux de Tchoucour-Ova, il faut enfouir les graines à une profondeur de 2 cm. 1/2 à 3 cm.

La quantité de graines à semer dépend aussi de la nature du sol et des conditions plus ou moins favorables dans lesquelles la germination des graines pourra avoir lieu : ainsi en Égypte on met de 15 à 20 graines par paquet dans les terrains argileux, et ceci pour faciliter la germination, car plusieurs plantules se développant au même endroit soulèvent plus facilement la croûte de terre qui les recouvre. En Amérique, on ne met souvent que trois à cinq graines. A Tchoucour-Ova nous pensons qu'il faudra conserver pour la semence environ un dixième des graines récoltées de façon à disposer d'une cinquantaine de kilogrammes de graines par hectare pour le semis.

Soins d'entretien. — L'éclaircissage sera fait une quinzaine de jours après la germination. On fera ensuite des sarclages et des binages. Le but du sarclage est l'enlèvement des mauvaises herbes ; il sera fait au moyen d'une houe simple attelée d'un cheval qui pourra travailler entre les lignes. Les binages sont faits en vue d'ameublir le sol, de l'aérer et de favoriser par conséquent le développement des racines ; en même temps on brise la croûte superficielle du sol et on réduit les pertes en eau qui montent à la surface par capillarité. On fera deux sarclages et deux binages. Le premier binage doit se faire à la main, car les plants ne sont pas encore suffisamment développés, et comme on doit passer tout près d'eux, on risquerait de les détruire si on se servait d'un outil autre que la pioche. Le second binage sera fait au moyen d'une charrue légère attelée d'un cheval.

Cueillette. — Actuellement, la cueillette se fait uniquement à la main. On a inventé et expérimenté aux États-Unis une machine à cueillir le coton qui a, paraît-il, donné d'excellents résultats en terrain plat. Toutefois, les expériences n'ont pas été assez concluantes pour que nous en tenions compte dans nos prévisions.

La cueillette est faite par les hommes, les femmes et les enfants et la quantité récoltée varie suivant l'espèce du coton et l'habileté de l'ouvrier. Dans la plaine d'Adana, on ne compte guère plus de 90 kilos de coton en graines par jour (1).

---

(1) Aux États-Unis, la quantité récoltée est considérablement plus forte. Un nègre récolte couramment 5 à 600 livres de coton en graines par jour (soit 225 à 275 kilos).

Les frais de cueillette parviennent dans la région d'Adana à un maximum de 55 francs l'hectare pour le coton de variété américaine et 47 francs pour la variété indigène soit en moyenne 51 francs l'hectare, prix auquel nous nous tiendrons pour nos prévisions (1).

Sélection et choix des variétés.

La sélection est une opération indispensable à faire dans le but d'obtenir des variétés à grand rendement à l'hectare et à l'égrenage, avec une fibre présentant toutes les propriétés d'une bonne qualité. C'est par la sélection

CHAMP DE COTON INDIGÈNE (plaine d'Adana).

qu'on est arrivé à produire les variétés égyptiennes Mit Afifi, Abassdi, Aschmouni et Sakelaridès.

Dans le choix d'une variété on doit viser trois conditions :

1° la précocité ;

2° le rendement en coton brut et en coton filé ;

3° la bonne qualité de la fibre.

_____

(1) Aux États-Unis où, comme on le sait, la main-d'œuvre est excessivement chère, on compte généralement 3 1/2 à 4 dollars par acre soit environ 45 francs par hectare.

La sélection est une opération délicate. Dans la plaine d'Adana elle est actuellement ignorée de tous les cultivateurs, qui se procurent les graines dans les usines d'égrenage où toutes les graines mauvaises ou bonnes sont mélangées ensemble ainsi que les variétés. Des essais ont été effectués à différentes époques en vue de l'introduction de nouvelles variétés égyptiennes et américaines ; ces essais ont complètement échoué, faute de compétence de la part des planteurs auxquels ils ont été confiés, et aussi parce qu'ils ont été faits sur une petite échelle.

COTON INDIGÈNE (dans la main droite) ET COTON AMÉRICAIN (dans la main gauche).

A la ferme de M. Kessissoglou il nous a été possible de voir une variété américaine nouvellement introduite ainsi qu'une autre du Turkestan russe. La variété américaine avait un port élevé et un développement beaucoup plus grand que la variété actuellement cultivée ; les capsules étaient mieux fournies et au nombre de 60 à 70 par pied ; quelques pieds même en portaient plus de 200 ; ces capsules n'étaient pas encore tout à fait mûres à l'époque de notre visite (24 septembre), mais le semis avait été fait trop tard; la fibre était courte, duveteuse et irrégulière. La variété du Turkestan avait beaucoup de ressemblance avec l'espèce indigène d'Adana.

En somme on ne peut rien conclure des résultats obtenus, sinon qu'il reste encore beaucoup à faire dans cette voie. Aux États-Unis, où la superficie cultivée en coton représente plus de quinze millions d'hectares, les conditions climatériques et la constitution du sol sont très diverses. Depuis une dizaine d'années, on est arrivé par sélection à produire des espèces extrêmement perfectionnées au point de vue rendement, précocité, résistance à la sécheresse et facilité de cueillette. Il est donc certain qu'on trouvera sans trop de tâtonnements une variété qui conviendra parfaitement aux terres riches de Tchoucour-Ova.

CUEILLETTE PLAINE D'ADANA.

Parasites et maladies du cotonnier.

Aux États-Unis, le cotonnier est souvent attaqué par le " boll-weevil " (charançon de coques) qui cause de véritables ravages à la récolte. Ce parasite n'est pas à craindre dans la région d'Adana et Tchoucour-Ova ; on ne l'y connaît pas et le seul parasite qu'on nous ait signalé, en ajoutant toutefois qu'il était rare, est une larve qui mange les jeunes plants quelques jours après la germination des graines sans causer de dégâts importants.

Le mal n'est cependant pas sans remède, car il suffit de replanter.

De l'extension à donner à la culture du cotonnier.

La culture du coton étant, de toutes les cultures, la plus rémunératrice, il y aura le plus grand intérêt à l'étendre sur la plus grande superficie possible : ceci ne pourra cependant être fait que graduellement, et principalement si l'on amène sur le domaine une certaine quantité de colons.

En comptant, comme nous l'avons vu précédemment, sur le minimum de 1.500 ouvriers au mois d'août, et pour chaque ouvrier sur une récolte

CUEILLETTE DE COTON AMÉRICAIN (plaine d'Adana).

de 15 kilogrammes par jour, on trouve une récolte quotidienne de 1.500 × 75 = 112.500 kilos de coton en graines par jour, soit en 10 jours 1.125.000 kilos. (Il ne faut pas prolonger la cueillette du coton américain plus de 10 jours, parce que si l'on dépasse trop la maturité les capsules s'ouvrent complètement et laissent tomber la fibre sur le sol).

Vers la fin septembre, la main-d'œuvre fixe pourra être renforcée par environ 600 ouvriers ambulants, ce qui portera à 2.100 le nombre total d'ouvriers. Ces 2.100 ouvriers peuvent récolter 2.100 × 75 = 157.500 kilos de coton en graines par jour, et en dix jours 1.575.000 kilos.

En supposant que l'on fasse trois cueillettes dans l'espace de deux mois et demi ou trois mois, cela fera à peu près au total 4.000.000 de kilos de coton en graines, ce qui représente la production d'environ 4.500 hectares.

C'est donc 4.500 hectares qui pourraient être cultivés en coton avec les éléments actuels de population; mais d'ici quelques années il est probable qu'on pourra porter cette étendue à une dizaine de mille hectares.

Les fellahs d'Égypte sont passés maîtres en l'art de cultiver le coton et très habitués à travailler par les grosses chaleurs. Il nous semble donc tout indiqué de faire un essai de colonisation avec ces fellahs qui pourront redonner à leurs compatriotes de la plaine d'Adana les antiques principes qu'ils ont oubliés.

COTON INDIGÈNE ENTASSÉ APRÈS LA CUEILLETTE.

Nous avons pu nous convaincre en Égypte qu'il sera facile de se procurer rapidement plusieurs centaines de fellahs expérimentés qui, sous la conduite d'un ou plusieurs chefs, s'engageraient à travailler à Tchoucour-Ova pour une période de une à cinq années dans des conditions avantageuses. Ces fellahs feraient venir leurs familles aussitôt qu'ils se seraient assurés par eux-mêmes qu'ils auront suffisamment de travail et qu'ils seront bien traités.

Il serait même possible, dans le cas où une pareille entreprise serait décidée, d'obtenir d'Égyptiens responsables, un contrat en bonne et due forme par lequel ils se porteraient garants de ces fellahs.

Egrenage du coton : usine d'égrenage.

L'égrenage est l'opération qui consiste à séparer la fibre de la graine. Il existe plusieurs usines d'égrenage à Adana, à Tarsous et à Mersine ; il y en a une également à Djeïhan, à 9 kilomètres de Merdjimek : cette usine est dirigée par deux Français, MM. Sabattier et Daudet.

La Société d'exploitation des fermes de Tchoucour-Ova aura un gros intérêt à installer elle-même une usine d'égrenage sur le domaine, à

PRESSE D'ÉGRENAGE A ADANA.

Merdjimek, où serait centralisé le coton provenant des différents points du domaine.

Cette usine devra être montée de façon à pouvoir, au début, traiter les quatre millions de kilogrammes de coton en graines recueillis sur le domaine et, éventuellement un million de kilogrammes environ qui pourront lui être apportés à l'égrenage par les colons voisins : il y faudrait donc une quarantaine de métiers, au moins deux ou trois cribles rotatifs et plusieurs presses hydrauliques.

L'établissement d'une telle usine coûterait environ 250.000 francs. Ses frais annuels, en comptant qu'elle fonctionnera pendant quatre mois à quatre mois et demi (1) seraient d'environ 80.000 francs, auxquels il faut ajouter l'intérêt à 6 p. 100 du capital engagé, soit 15.000 francs, et l'amortissement du matériel et des bâtiments en dix ans, soit 25.000; au total 120.000 francs pour quatre millions de kilos de coton en graines, c'est-à-dire 0 fr. 03 par kilogramme (2).

Or, le prix actuellement payé aux usines de la région est d'une piastre par kilogramme, (0 fr. 23). En établissant une usine d'égrenage à Merdjimek la Société d'exploitation du domaine de Tchoucour-Ova paiera donc 120.000 francs par an ce qui, à Djeïhan ou à Adana, lui en coûterait 920.000.

Frais de culture et rendement de 150 hectares de coton.

Supposons que le coton occupe une surface de 150 hectares dans une sole de 1.000 hectares cultivés.

Les frais de culture seront les suivants :

LABOUR :	Labourage de 0,40..............	7.837 fr. 50	
	Labourage de 0,10..............	1.800 fr. »	11.137 fr. 50
	Hersage......................	1.500 fr. »	
SEMAILLES :	Salaires, nourriture des chevaux, amortissement et entretien du matériel, etc..................	535 fr. 20	1.660 fr. 20
	7.500 kilos de graines à 0,15.......	1.125 fr. »	
SOINS D'ENTRETIEN :	1 éclaircissage..........	900 fr. »	
	2 sarclages..................	1.290 fr. 40	
	2 binages...................	1.814 fr. 70	4.005 fr. 10
CUEILLETTE..			7.650 fr. »
	TOTAL...............		24.452 fr. 80

Soit à l'hectare : $\dfrac{24.452\ 80}{150} = 163$ francs ; en chiffres ronds : 165 francs.

---

(1) Le personnel sera partie volant, c'est-à-dire embauché pour la durée de l'égrenage, partie fixe et employé pendant huit mois de l'année à d'autres travaux sur le domaine. Le personnel fixe (un directeur, un contremaître, deux mécaniciens, deux chauffeurs, trois magasiniers, un bourrelier, un concierge, deux gardiens, etc.) reviendrait à 18.000 francs environ ; le personnel flottant (50 hommes, 50 enfants, 10 femmes, deux surveillants) à 10.000 francs environ ; il faut compter en outre une trentaine de mille francs de matériaux et ustensiles divers (charbon, huile à graisser, toile à balles, fer feuillard pour balles, ficelle, suif, résine, étoupe, etc.), et une dizaine de mille francs pour l'entretien du matériel.

(2) Le prix de revient déjà minime pourra être encore abaissé par le bénéfice réalisé sur l'égrenage fait pour les cotons des voisins. Nous n'en tenons pas compte dans nos calculs.

Le rendement à l'hectare peut être évalué à 900 kilos de coton en graine, donnant :

300 kilos de coton fibre à 1,35 le kilo..............	405 francs.
600 kilos de graines à 0,15	90 —
Total du rendement brut (1)...........	495 —

A déduire : Dîme (12 p. 100)...............	59 fr. 40	
Frais de culture....................	165 fr. »	
Egrenage...	27 fr. »	251 fr. 40
Reste, bénéfice net à l'hectare..........		243 fr. 60

Pour 150 hectares, le bénéfice net serait donc de :

$$243,60 \times 150 = 36.540.$$

---

(1) Le bénéfice réalisé sur le coton fibre et la graine se trouvera éventuellement augmenté du prix du coton bourre (*linters*) qui peut être retiré des graines après égrenage comme cela se fait aux États-Unis. Ces *linters* servent, suivant les qualités, à faire des couvertures ou à la fabrication de la nitro-cellulose, et valent en moyenne 0 fr. 30 le kilo.

BALLE DE COTON ARRIVANT A LA GARE DE TARSOUS.

CONCLUSION

Rien ne serait plus facile que de prendre les chiffres qui précèdent, et de multiplier le rendement prévu à l'hectare par la superficie prévue pour la culture. On arriverait ainsi à une prévision de bénéfices fort séduisante, mais qui resterait théorique.

Nous préférons laisser à notre étude son caractère technique et n'apporter comme conclusion qu'un résumé des résultats de notre travail.

Nous répéterons en terminant que la terre de Tchoucour-Ova est exceptionnellement riche, (1) propre à toutes les cultures, et particulièrement à celle des céréales et du coton. Les conditions d'une grande exploitation se présentent favorablement; si la main-d'œuvre y est actuellement moins nombreuse qu'il ne faudrait, tous les renseignements recueillis nous autorisent à penser qu'elle pourra être assez facilement augmentée, et d'une qualité tout à fait satisfaisante.

En ce qui concerne l'exploitation elle-même et les résultats qu'on en

---

(1) Voir l'analyse chimique à l'annexe A.

peut attendre, nous avons une première base d'appréciation dans les chiffres qui nous ont été fournis de différents côtés, par des propriétaires, des agronomes, des cultivateurs, à qui nous avons demandé sur place le rendement approximatif de leur terre : toutes les réponses flottaient autour du chiffre de cinquante francs de bénéfice à l'hectare. Or il s'agit d'exploitations la plupart très défectueuses, sans le matériel qu'il faudrait, sans capitaux, sans crédit, sans méthode, sans direction, sans activité.

Nous avons vu, en effet, que le bénéfice net des différentes cultures devrait atteindre en chiffres ronds :

Pour le blé . . . . 200 francs à l'hectare.
  — l'orge 180   —   —
  — le sésame 200   —   —
  — le coton 240   —   —

Nous avons vu également que l'élevage du bétail est susceptible d'un fort rendement et que l'installation de colons, nécessaire pour l'accroissement de la main-d'œuvre, donnerait, en outre, un bénéfice de plus de 16,5 p. 100 du capital engagé, après attribution à ce capital d'un intérêt de 6 p. 100 (soit 22,5 p. 100).

D'autre part, notre étude des différentes parties de l'exploitation nous conduit à penser qu'un capital de 12 millions de francs environ sera nécessaire à la mise en valeur de 40.000 hectares : à supposer, donc, que le bénéfice net à l'hectare reste ce qu'il est dans les conditions actuelles, soit environ 50 francs par hectare, on voit que le bénéfice net de 40.000 hectares serait de 2 millions de francs, ce qui, sur un capital de 12 millions de francs, équivaudrait à 16,66 p. 100 du capital engagé.

Or il n'est pas douteux, — et ici, s'agissant de questions techniques, nous nous permettons de redevenir affirmatifs, — il n'est pas douteux que les conditions d'exploitation du domaine de Tchoucour-Ova ne puissent et ne doivent être considérablement améliorées, et il est évident que ces progrès entraîneront nécessairement une amélioration considérable du rendement de la terre.

ANNEXES

LA COLLINE D'ANAVARZA ET L'ANCIEN CHATEAU FORT

ANNEXE A

ANALYSE CHIMIQUE DES TERRES

L'analyse chimique des terres de Tchoucour-Ova, faite selon les méthodes adoptées par le Comité consultatif des Stations agronomiques, a donné les résultats suivants :

	Azote p. 1000	Acide Phosphorique p. 1000	Potasse p. 1000	Calcaire p. 1000	Magnésie p. 1000	Fer p. 1000	Humus p. 1000
Echantillon A	0.810	0.85	7.025	331.18			4.25
— B	0.945	0.94	3.860	319.07			7.90
— C	1.036	1.08	5.346	162.79		21.12	11.80
— D	1.600	1.43	2.683	132.08	5.43	44.80	8.50
— E	1.200	1.40	4.217	186.96	12.50		8.70
— F	2.300	1.75	3.763	103.25		40.30	19.80
Moyenne.....	1.315	1.241	4.482	205.88			10.158

Les échantillons A B C proviennent de la région ouest et nord-ouest du domaine à une distance de 2 à 3 kilomètres de Merdjimek. L'échantillon A a été prélevé près du chemin allant de Merdjimek au village Aïvali dans un champ cultivé en céréales.

L'échantillon B a été pris dans un champ cultivé en céréales à 3 kilomètres de Merdjimek, à peu près vers le village Kavroglou.

L'échantillon C a été prélevé dans un champ cultivé en cotonnier indigène (Yerli) près du chemin de Merdjimek à Kavroglou.

L'échantillon D provient de la région voisine du village Aïvali, près du chemin allant de ce village à Merdjimek, dans une terre vierge.

L'échantillon E a été prélevé dans une terre vierge près du village Uchtouck situé entre les villages Aïvali et Teïlane.

L'échantillon F provient d'une terre également vierge près du village Aladane, près du chemin allant de Teïlane à Anavarza.

Tous ces échantillons ont été prélevés jusqu'à une profondeur de 0 m. 30, c'est-à-dire dans la couche arable du sol. Nous n'avons pas tenu compte du sous-sol, celui-ci présentant absolument la même composition, comme cela arrive dans la généralité des cas dans les alluvions profondes, ce qui est le cas des terres de Tchoucour-Ova.

En ce qui concerne les échantillons A, B et C, qui proviennent des terres cultivées, on pourrait se demander si la couche arable ne présenterait pas de différences marquées avec le sous-sol dans la proportion des éléments fertilisants. Nous ne pensons pas qu'il en soit ainsi, car les labours avec les charrues en bois ne dépassent jamais 0 m. 10 de profondeur et notre échantillonnage a été fait au delà de cette profondeur. Tout de même s'il existait une différence, elle serait si peu importante qu'elle n'aurait aucune portée dans la pratique.

Le tableau ci-dessous donne la composition d'une bonne terre arable présentant une richesse satisfaisante en éléments fertilisants :

Azote	Potasse	Acide phosphorique	Calcaire	Magnésie
1 p. 1000	2 p. 1000	1 p. 1000	50 p. 1000	1 p. 1000

Si on compare à ce tableau moyen les chiffres relevés à Tchoucour-Ova, on remarque que les terres de Tchoucour-Ova présentent une richesse moyenne, en ces mêmes éléments, qui est de :

1.315 p. 1000   pour l'azote,
1.241 p. 1000   pour l'acide phosphorique,
4.482 p. 1000   pour la potasse,
205.88 p. 1000   pour le calcaire,
8.96 p. 1000   pour la magnésie (moyenne de deux échantillons).

Les chiffres précédents se rapportent à 1 kilog. de terre.

La magnésie n'a été dosée que dans deux échantillons seulement, car on n'a pas, jusqu'à maintenant, des données précises sur le rôle que cet élément joue dans la nutrition des végétaux.

En ce qui concerne le fer nous l'avons dosé dans trois échantillons, ceux qui paraissaient les plus ferrugineux. Le rôle du fer dans la nutrition des plantes n'est pas bien défini, mais ce qui importe, c'est son influence sur l'assimilabilité de l'acide phosphorique, influence qui est d'autant plus grande que les terrains sont riches en fer et pauvres en calcaire. Or, l'acide phosphorique est un élément très important dans la nutrition des plantes, des céréales notamment, et il doit se trouver sous une forme assimilable pour les végétaux.

Or dans les terrains qui renferment des quantités notables de fer et qui sont en même temps très pauvres en calcaire, l'acide phosphorique se trouve sous la forme de phosphate ferrique au lieu de phosphate tricalcique, c'est-à-dire sous une forme insoluble dans l'eau du sol et par conséquent non assimilable par les plantes.

Dans les terres qui nous intéressent ceci n'a pas lieu; l'acide phosphorique s'y trouve sous une forme assimilable et notre hypothèse est vérifiée par la pratique car les céréales qui consomment beaucoup d'acide phosphorique donnent de bonnes récoltes dans les régions cultivées de Tchoucour-Ova. Quand les circonstances météorologiques sont favorables, ces récoltes atteignent des proportions énormes (on obtient quelquefois jusqu'à 40 fois la quantité de blé semé à l'hectare soit 5.100 kilos de grains à peu près).

En ce qui concerne la potasse, la finesse des éléments constitutifs des terres en question et l'abondance de l'argile font prévoir que cet élément doit s'y trouver sous une forme assimilable.

Le calcaire se trouve sous une forme très attaquable par les acides et par conséquent sous une forme assez soluble dans l'eau chargée d'anhydride carbonique (eau du sol) de sorte que tout l'acide humique se trouve neutralisé par le bicarbonate de chaux résultant de l'attaque du calcaire par les eaux chargées d'anhydride carbonique.

En effet, toutes les terres examinées présentent une réaction bien neutre. Cette réaction neutre due à la présence du calcaire est l'indice d'une bonne nitrification de l'azote organique contenu dans l'humus qui est rendu ainsi aux plantes sous une forme assimilable.

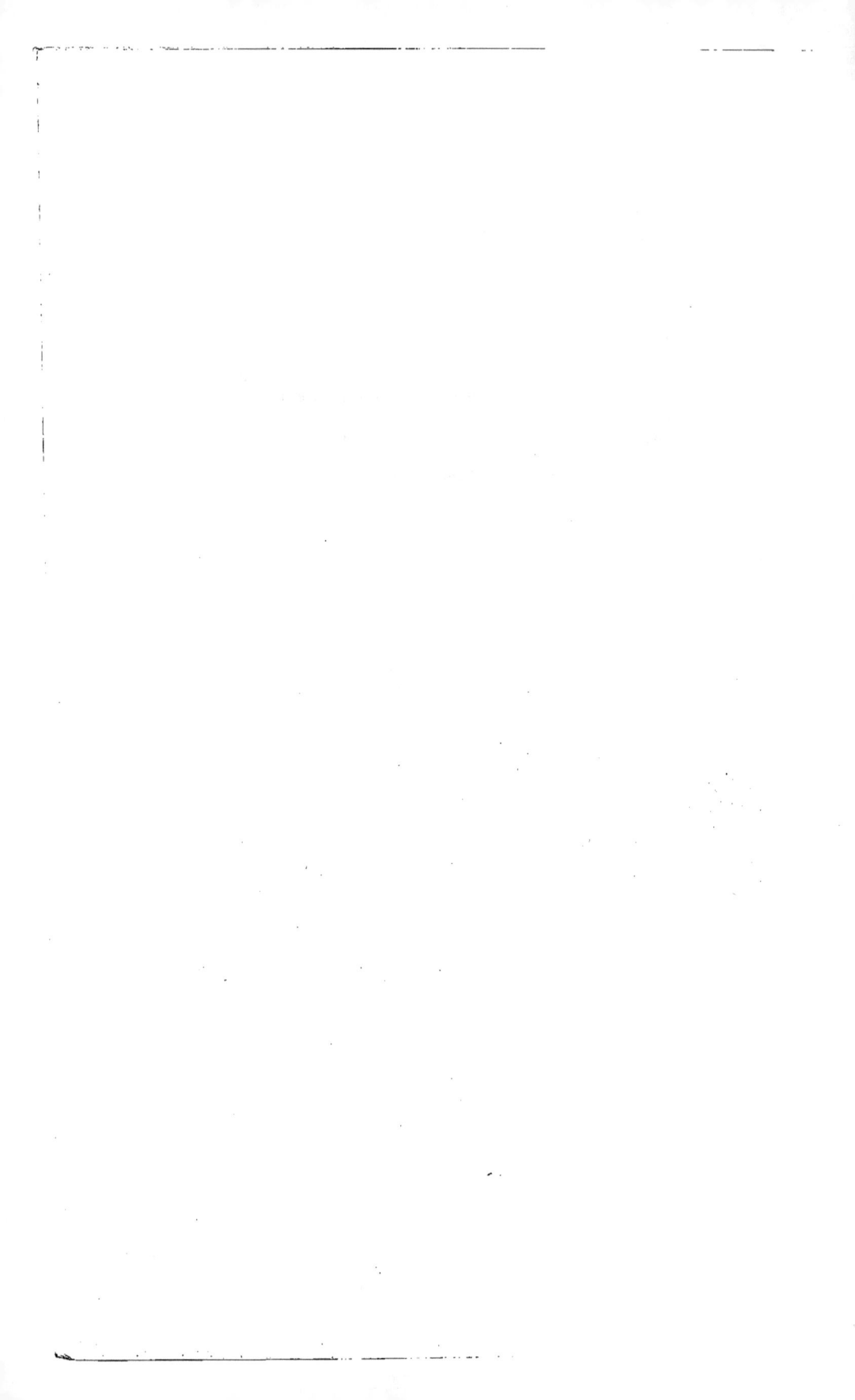

ANNEXE B

LA FERME D'ADALI

La ferme d'Adali (1) (en turc presqu'île), est beaucoup moins importante que celle de Merdjimek. Par l'article 3 du contrat du 2/15 avril, le gouvernement l'a réservée jusqu'à décision du ministère de la Guerre quant à l'établissement d'un

VILLAGE PRÈS DE BEBELI.

haras. Dès que la décision du ministère de la Guerre sera connue, le ministère des Finances la communiquera à la Société; il lui fera connaître en même temps la superficie restée libre après déduction de l'emplacement nécessaire au haras : la

(1) On la désigne aussi sous le nom de *Bebeli*.

Société aura alors le droit d'accepter ou de refuser d'assumer la mise en valeur de cette partie du domaine.

La ferme d'Adali se trouve à environ 35 kilomètres au Sud-Est d'Adana, non loin de Karatache. La route qui conduit d'Adana à Karatache est assez bonne et très fréquentée, principalement par des caravanes de chameaux qui transportent les produits du pays, c'est-à-dire le sésame, le maïs, le blé et le coton.

Dans la partie Nord de la ferme d'Adali, la route traverse deux ou trois villages très pauvres, aux environs desquels les champs sont partiellement cultivés et d'une façon fort négligée. La terre semble cependant facile à mettre en valeur, car il n'y a ni collines, ni forêts, ni grands marécages.

CUEILLETTE A ADALI.

Entre le village de Kressik et le village de Bebeli, qui est le centre de la ferme, on traverse une grande plaine presque complètement inculte. Le fleuve Djeïhan, dont le cours est très sinueux, traverse la ferme et en limite les terrains par endroits. A environ deux kilomètres avant le village de Bebeli, la route passe au bord du fleuve, puis elle commence à monter jusqu'à Bebeli, qui se trouve situé sur une colline d'une quarantaine de mètres.

Bebeli est un village assez propre, dans lequel vivent plusieurs familles arméniennes relativement aisées. Il s'y trouve un bâtiment en pierres, ayant servi autrefois de haras, d'aspect fort modeste.

Au-dessous du village, c'est-à-dire en regardant vers l'Est, on aperçoit d'abord quelques champs mal cultivés, puis le fleuve et de petits bois. Au Sud, se trouve une route, qui va d'Ayas à Karatache et, de l'autre côté de cette route, des terrains sableux, des dunes, des lagunes salées et enfin la mer.

La partie la mieux cultivée de la ferme d'Adali est celle qui se trouve au bas du village, entre la colline et le fleuve Djeïhan.

Nous avons vu quelques champs de coton, dont l'un appartenant à un pauvre musulman qui, paraît-il, n'a pas les moyens de s'adjoindre de la main-d'œuvre et les autres cultivés par les soins de l'Intendant du Gouvernement. Il serait difficile de dire laquelle des deux exploitations est la plus négligée. L'employé du Gouvernement était en train de surveiller la cueillette, dans un champ où l'on avait semé pêle-mêle du coton de semence américaine et du coton indigène. Or, ces deux espèces ne se récoltent pas à la même époque et ne se cueillent pas de la même manière. Malgré cela, la quantité de coton récolté était assez forte et il s'agissait d'une deuxième cueillette, laquelle ne comprenait que du coton indigène, l'américain ayant déjà fait l'objet d'une cueillette.

Nous avons remporté de la ferme d'Adali l'impression que tous les terrains se trouvant à la droite de la route d'Ayas à Karatache peuvent faire l'objet d'une culture moderne, dans laquelle les machines agricoles joueraient un grand rôle.

Les terrains sont plats; la terre paraît bonne et bien qu'il semble difficile d'utiliser d'une façon efficace l'eau du fleuve sur une grande étendue, nous pensons qu'avec un peu de soins la culture du coton donnerait un bon rendement et que la qualité du coton pourrait être sensiblement améliorée.

La population dans cette région est paisible et semble assez laborieuse. La contrée de Bebeli n'est d'ailleurs qu'une continuation de la plaine d'Adana, où presque tous les terrains sont mis en valeur à l'aide de machines et où seules font défaut la main-d'œuvre permanente et les connaissances techniques que nécessite la production d'un coton de bonne qualité.

TABLE DES MATIÈRES

Imp. *L'Union Typographique*, Villeneuve-Saint-Georges.

Plan général
des Terrains concédés
dits Fermes Impériales de Tchoukour-Ova

LÉGENDE

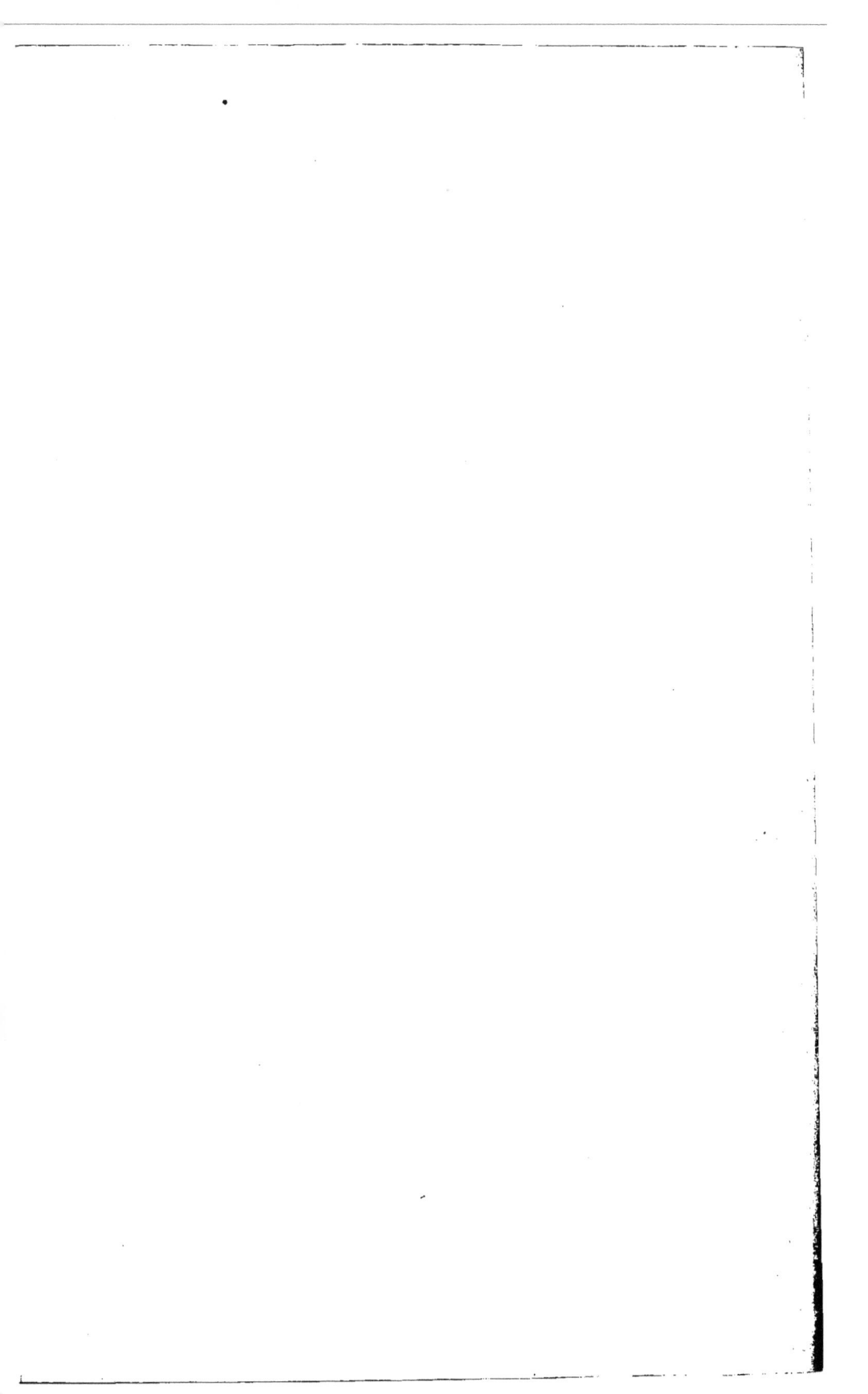

www.ingramcontent.com/pod-product-compliance
Lightning Source LLC
Chambersburg PA
CBHW071246200326
41521CB00009B/1657